# LED 활용실기

박 문 수 · 정 종 욱 공저

도서출판 상 학 당

# 머 리 말

광산업은 빛의 고유한 성질을 이용하여 기술적으로 개발함으로써 제품화하는 산업분야로 빛의 생성 · 전환 · 제어 · 응용 등의 기술혁신을 활용하는 지식기반산업이다.

광기술은 빛의 파동성을 이용한 기술, 빛의 입자성을 이용한 기술, 빛의 에너지 고출력성을 이용한 기술, 물질과의 상호 작용성을 이용한 기술, 빛의 직진 및 굴절의 성질을 이용한 기술 등 다양한 응용기술을 개발하는 것이다.

광기술 및 광기술 제품은 통신 · 정보처리 · 정보저장 · 정밀가공 · 계측 · 의료 · 우주과학 · 방위산업 · 오락 등 다양한 산업분야에 응용 또는 활용되고 있다.

광산업 중 LED 소자의 비약적인 성능 향상에 따라 휴대폰 · LCD · 자동차 · 가전 등 우리나라가 강점을 갖고 있는 전방위 산업에 다양하게 응용되는 제품으로서 산업 파급효과가 매우 크며, 정부의 에너지 절감 및 친환경 정책에 부응하는 미래형 산업이다. 특히 조명분야에서 미국의 LED 대체계획이 세계 LED 시장의 급격한 성장을 주도하고 있다.

이와 같이 현재 LED는 휴대폰, 교통신호등, 전광판, 조명, 자동차용 램프 등의 응용분야에 기술이 집중되고 있으며, 향후 인공 자연광의 실현, 빛을 이용한 쾌적한 공간의 창출을 위한 백색 LED 등의 효율개선이 활발히 진행되고 있어 기존의 조명기구를 대체함으로써 에너지 소모를 극소화하게 될 것이다.

이와 같은 LED의 발전과 산업응용에 대응하기 위하여 LED 소자의 특성측정 실험과 구동회로 및 LED 응용회로 설계 · 제작 등 전반적인 실험과 실습을 충실하게 할 수 있도록 편성하여 LED 활용기술을 현장실무에 적용할 수 있도록 함으로써 전문대학, 이공계 대학 2 · 3학년의 실험실습 교재 및 광전자 · 자동차 · 조명 · 디스플레이(display) 분야 등의 전문기술 인력양성 교재는 물론 모든 산업분야의 LED 관련 기술서로 활용할 수 있도록 하였다. 이 책이 LED 활용에 관한 지식과 실무능력을 갖추고자 하는 사람들에게 좋은 실습서가 될 수 있기를 기대한다.

끝으로, 더욱 좋은 책이 될 수 있도록 독자 여러분의 많은 지도와 격려가 있기를 바라며, 앞으로 지속적인 보완을 통하여 더 많은 분들에게 도움이 될 수 있도록 노력할 것이다.

저자 일동

# 차 례

## 제1장 소자의 특성측정 실험실습



## 제2장 소자의 구동회로 실험실습

## 제3장 LED 구동 드라이브 회로 실험실습



## 제4장 LED 응용회로 실험실습

# 제 1 장

# 소자의 특성측정 실험실습

**실험목표**

- LED의 구조 및 동작원리를 알 수 있다.
- 포토 다이오드의 구조 및 동작원리를 알 수 있다.
- 포토 트랜지스터의 구조 및 동작원리를 알 수 있다.
- 포토 인터럽터의 구조 및 동작원리를 알 수 있다.
- 소자의 특성을 알고, 특성을 측정할 수 있다.
- LED의 광특성을 측정할 수 있다.

**실험과제**

1-1 LED 특성실험
1-2 포토 다이오드 특성실험
1-3 포토 트랜지스터 특성실험
1-4 포토 인터럽터 특성실험
1-5 LED 광특성 측정실험

| 실습 과제명 | 1-1 LED 특성실험 |
|---|---|
| 목 표 | ① LED의 구조 및 종류를 알 수 있다.<br>② LED의 특성을 측정할 수 있다. |

| 장비 및 공구 | 소요재료 | 규격 | 수량 | 안전 및 유의사항 |
|---|---|---|---|---|
| − 디지털 VM | LED | 적색 | 1개 | ① 장비 사용법을 익혀 부상과 장비 파손에 주의한다. |
| − 전류계 | LED | 녹색 | 1개 | |
| − 브레드보드 | LED | 청색 | 1개 | ② 소자의 핀번호를 바르게 사용하여 손상이 없도록 한다. |
| − 직류전원장치 | LED | 백색 | 1개 | |
| − 조도계 | 저항 | 680[Ω] | 1개 | ③ DC 및 AC 전원을 바르게 연결하여 재료가 파손되지 않도록 한다. |
| | 가변저항 | 50[kΩ] | 1개 | |
| | 스위치 | 2C2[M] | 1개 | |
| | | | | ④ 감전 등 안전에 주의한다. |

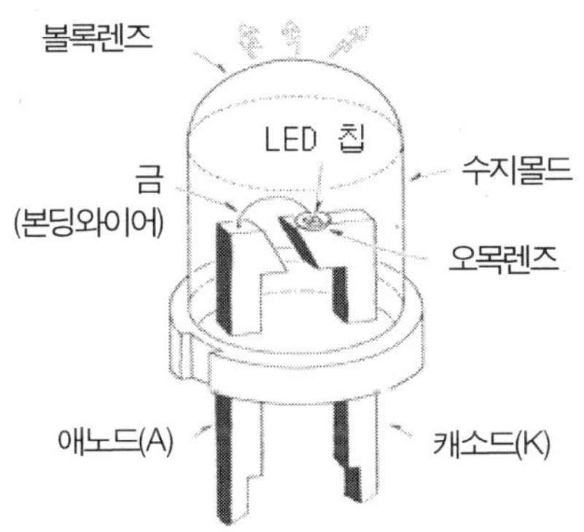


(a) 램프(lamp)형

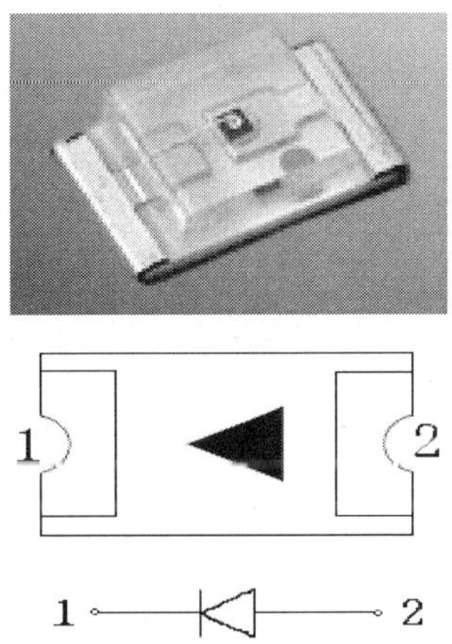


(b) SMD형

(c) LED 기호

**[그림 1-1] LED 구조**

## 관계지식

### 1. 다이오드

다이오드(diode)라는 말의 어원은 2개의 전극을 의미하는 2(di)라는 단어와 전극(electrode : ode)이라는 단어의 복합어에서 유래되었다.

다이오드는 P형 반도체와 N형 반도체를 접합하여 한쪽 방향으로는 도체와 같은 동작을 하여 전류를 도통시키고, 반대 방향으로는 절연체와 같은 동작을 하여 전류가 흐르지 못하는 반도체 소자로서 전원장치의 정류기, 통신용 수신기 회로 등에 사용된다.

#### (1) 불순물 반도체

실리콘(Si)이나 게르마늄(Ge) 등과 같은 진성 반도체(intrinsic semiconductor)에 비소(As), 인듐(In), 붕소(B), 안티몬(Sb)과 같은 원소를 소량으로 혼입하면 진성 반도체와는 다른 전기적 성질이 나타난다.

이러한 반도체를 불순물 반도체(extrinsic semiconductor)라고 하며, [그림 1-2]에서와 같이 불순물 반도체에는 N형 반도체와 P형 반도체가 있다.

**[그림 1-2] 불순물 반도체**

##### 1) N형 반도체

전기적으로 중성인 게르마늄(Ge)이나 실리콘(Si)과 같은 4가의 진성 반도체에 비소(As)나 인(P)과 같은 5가의 불순물을 소량 혼입하면 4가 원소와 5가 원소의 공유결합 상태에서 1개의 전자가 남게 되고 불순물의 혼입량을 증가시키면 남아도는 전자의 수도 증가한다. 이렇게 만든 반도체는 음(−)의 전기를 띠게 되므로 N형 반도체라고 한다. N형 반도체에서 전자가 다수 캐리어(carrier : 반송자)이고, 정공은 소수 캐리어이다.

### 2) P형 반도체

게르마늄이나 실리콘에 붕소(B)나 갈륨(Ga)과 같은 3가 불순물을 소량 혼입하면 4가 원소와 3가 원소의 공유결합에서 전자 1개가 부족한 상태가 된다. 전자가 부족한 부분에 정공(hole)이 생기게 되며 불순물의 혼입량을 증가시키면 정공의 수도 증가하게 된다. 이렇게 만든 반도체는 양(+)의 전기를 띠게 되므로 P형 반도체라고 한다. P형 반도체에서 정공이 다수 캐리어이고, 전자는 소수 캐리어이다.

## (2) PN 접합

P형 반도체와 N형 반도체를 원자 구조적으로 결합시킨 것을 PN 접합(junction)이라고 하며, 접합면 부근에서는 P형 반도체의 정공과 N형 반도체의 전자가 각각 상대방의 영역으로 확산(diffusion)되어 들어가고, 이들 전자와 정공은 재결합(recombination)하여 소멸된다. 이와 같이 전자와 정공이 소멸되어 비어 있는 공간을 공핍층(depletion layer)이라고 한다.

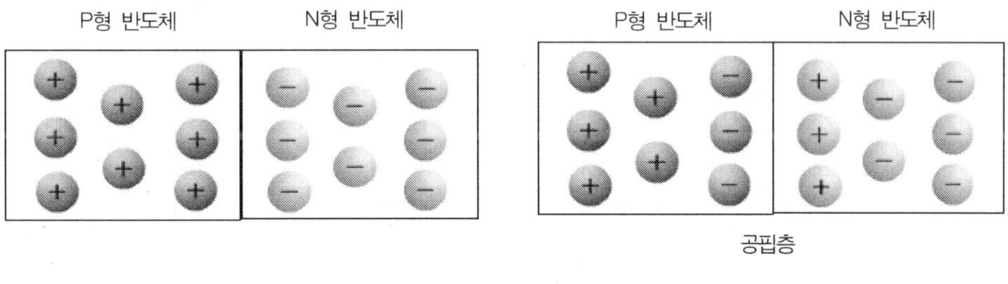


**[그림 1-3] PN 접합과 공핍층**

## (3) 전압이 인가된 PN 접합

### 1) 역방향 전압 인가

① [그림 1-4]는 P형 반도체에 직류전원의 '–' 전위가, N형 반도체에 '+'전위가 연결된 것을 나타낸다. 이러한 연결을 역방향 바이어스(reverse bias)라고 한다.

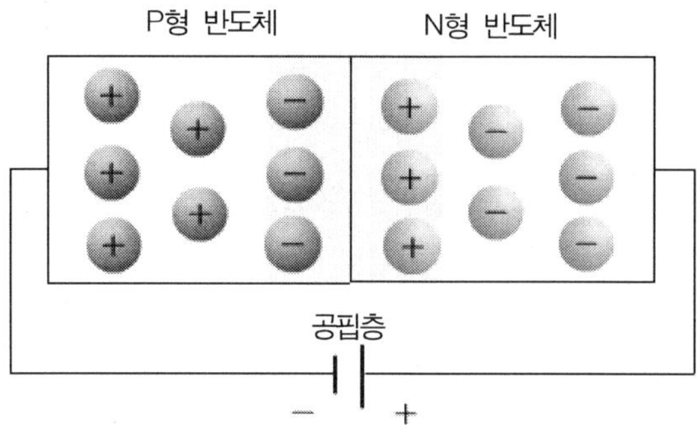


**[그림 1-4] PN 접합의 역방향 바이어스**

② 동작 순서 : 역방향 전압은 N형 반도체 접합 근처의 전자를 '+' 전원단자쪽으로 끌어당기고, P형 반도체 접합 근처의 정공을 '–' 전원단자쪽으로 끌어당긴다.

[그림 1-5]에 나타낸 것과 같이 전자와 정공은 움직일 수 없는 양이온과 음이온을 각각 남기고 이동하므로 공핍층의 폭은 더 넓어진다. 따라서 역방향 전압이 크면 클수록 공핍층의 폭은 더욱 넓어지게 되어 PN 접합에는 전류가 흐르지 않는다.

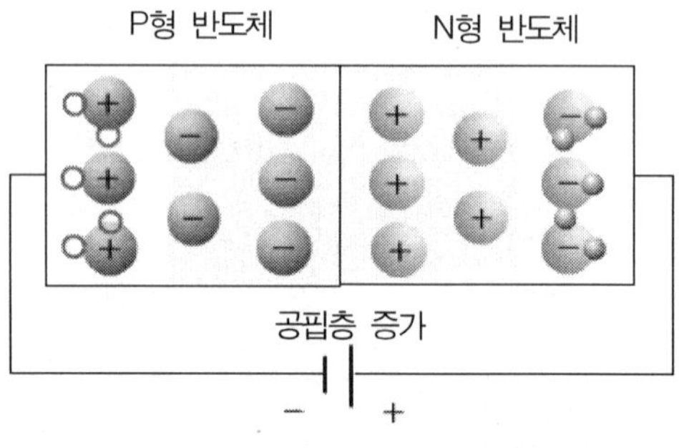


**[그림 1-5] 역방향 전압에 의한 공핍층의 확대**

## 2) 순방향 전압 인가

① [그림 1-6]은 P형 반도체에 직류전원의 '+' 전위가, N형 반도체에 '−'전위가 연결된 것을 나타낸다. 이러한 연결을 순방향 바이어스(forward bias)라고 한다.

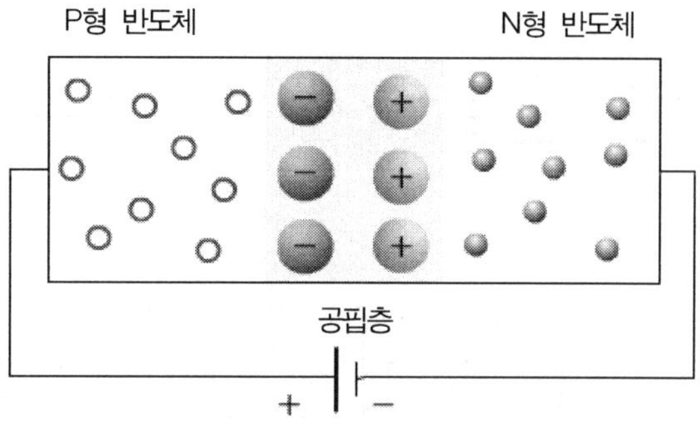


**[그림 1-6] PN 접합의 순방향 바이어스**

② 동작 순서 : 순방향 전압 방향은 공핍층의 전기장과 반대이므로 공핍층의 폭을 좁히며, 이로 인해 [그림 1-7]과 같이 확산을 저지하던 공핍층 전기장이 작아져서 P형의 정공과 N형의 전자는 접합면을 넘어 확산되고 접합면을 넘어가는 캐리어의 양만큼이 새로운 캐리어가 직류전원에서 보충된다. 이와 같이 캐리어가 접합면을 통하여 이동하게 되어 전류를 흘리게 된다.

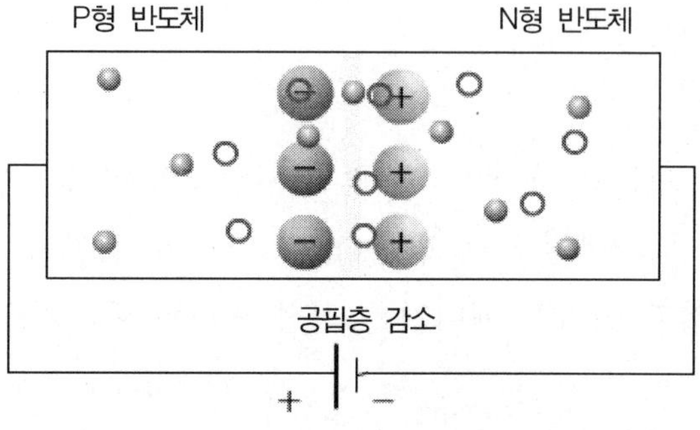


**[그림 1-7] 순방향 전압에 의한 공핍층의 감소**

## (4) 다이오드의 구조와 기본특성

PN 접합 양단에 가해지는 전압의 방향에 따라 전류를 흐르게 하거나 흐르지 못하게 하는 작용을 정류작용이라고 하며, 이 성질을 이용한 반도체 소자가 다이오드이다. 즉, 다이오드는 PN 접합의 원리를 응용한 것이다.

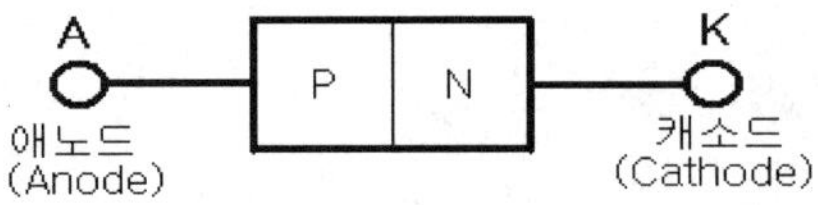


(a) 구조

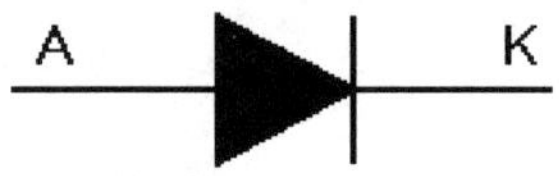


(b) 기호

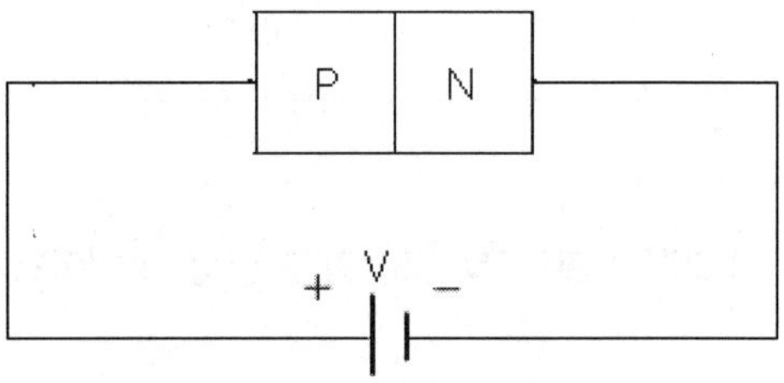


(c) 순방향 바이어스

**[그림 1-8] PN 접합과 다이오드**

[그림 1-8]은 실제 다이오드와 기호(symbol)를 나타낸 것이다. 애노드(anode : A)는 양극(+)을 의미하며, 캐소드(cathode : K)는 음극(−)을 의미한다.

## 2. LED

LED(Light Emitting Diode)란 발광 다이오드의 약자이다. PN 접합에 순방향 바이어스 전류를 인가하면 빛을 방출하는 고체 PN 접합소자로서 열변환의 중간 단계를 거치지 않고 전기적 에너지를 직접 광학적 에너지로 변환하는 콜드 램프(cold lamp)이다.

또한, 가시영역 파장의 빛을 방출하는 소자로서 방출하는 빛의 색깔은 반도체 칩 구성원소의 배합에 따라 파장을 만들며, 이러한 파장이 빛의 색깔을 결정한다.

현재 고휘도 LED에 주로 사용하는 Aluminum Gallium Indium Phosphide

(AlGaInP) 칩에서는 Red부터 Amber(Yellow)까지, Indium Gallium Nitroide (InGaN) 칩에서는 Blue와 Green, 그리고 Blue Chip에 Phosphor 기술을 접목하여 White LED를 제작한다.

LED의 특징은 〈표 1-1〉과 같이 일반 백열전구와 비교하여 소형 · 경량이고, 발열이 적으며, 반영구적으로 사용 가능하다는 점이다. 또한 응답속도가 빠르고, 펄스(pulse) 동작 및 직류 · 교류에서 동작이 가능하며, 전류에 의한 광출력 제어가 가능하다.

따라서 정밀 반도체장비 검사기구, 자동차 계기판 등의 및 각종 전자표시판, 전광판, 산업기계 표시기, 교통안전 신호등에 널리 사용되고 있다.

〈표 1-1〉 LED 특징

| 구 분 | 정 격 | 비 고 |
|---|---|---|
| 소비전력 | 1.5[V] 10[mA] | 1/5배 |
| 응답시간 | 10[ns] | 1,000,000배 |
| 수 명 | 반영구적 | |

## (1) LED 발광원리

[그림 1-9]와 같이 LED 전극에 순방향 전압(P층 : +, N층 : −)을 가하면 전도대의 전자가 가전자대의 정공과 재결합을 위하여 천이될 때 그 에너지만큼 빛으로 발광된다.

$$\text{최대 파장길이} = \frac{1240[\text{nm}]}{\text{Eg}}$$

로 계산, Eg는 에너지 전위장벽으로 반도체 결정의 재료 및 농도 등에 의하여 차이를 가짐에 따라 발광 컬러(color) 역시 변한다.

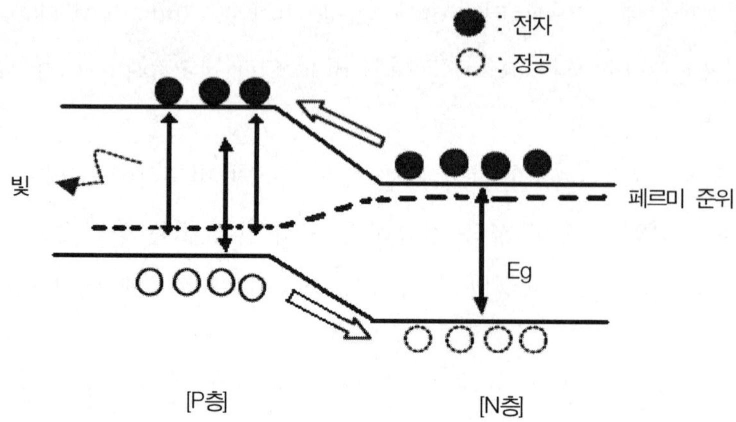


[그림 1-9] 발광의 원리

〈표 1-2〉 발광물질에 따른 색깔 분포

| 물 질 | 색 깔 | 파 장 |
|---|---|---|
| GaP | Red | 700[nm] |
| | Green | 570[nm] |
| | | 557[nm] |
| GaAsP | Amber | 630[nm] |
| | Orange | 615[nm] |
| | Yellow | 585[nm] |
| GaAlAs | Red | 660[nm] |

## (2) LED 파장별 색

LED는 휘도에 따라 제너럴(general)급, 슈퍼(super)급, 울트라(ultra)급으로 나누어진다.

100[mcd] 이하는 제너럴급이고, 500[mcd] 이하는 슈퍼급, 그 이상은 울트라급이다.

### 1) 제너럴급

(단위 : [nm])

| 400~450 | 450~470 | 470~557 | 557~567 | 567~572 | 572~585 | 585~605 | 605~630 | 630~700 |
|---|---|---|---|---|---|---|---|---|
| Pure Blue | General Blue | Pure Green | General Green | Yellow Green | General Yellow | General Amber | General Orange | General Red |

### 2) 슈퍼급

(단위 : [nm])

| 470 | 572 | 650 | 660 |
|---|---|---|---|
| Yellow Green | Pure Green | Super Red | Super Red |

### 3) 울트라급

(단위 : [nm])

| 591 | 610 | 624 | 639 | 660 |
|---|---|---|---|---|
| Ultra Yellow | Ultra Amber | Ultra Orange | Ultra Red | Ultra Red |

## (3) LED의 종류와 특징

### 1) GaP : ZnO 적색 LED

GaP 적색 LED는 가장 많이 사용되고 있으며, 고전류 밀도 영역에서의 발광효율에 한계가 있고, 저전류에서의 사용에 적합하기 때문에 표시소자는 포터블 타입을 비롯해 옥내용 각종 기기에 많이 이용되고 있다.

### 2) GaP : N 녹색 LED

ZnO 적색 LED와 마찬가지로 GaP이며, GaP 기판 결정 위에 LPE법을 이용해

PN 접합을 형성하여 제작하는 LED로 옥외용 디스플레이로도 사용되고 있다.

### 3) GaAlAs계 LED

GaAlAs는 x < 0.35의 범위(직접 천이 영역)에서 Al과 As의 조성비를 바꿈으로써 발광파장을 640[nm]부터 900[nm]까지 변화시킬 수 있다. 차량용 하이 마운트 스톱 램프(high mount stop lamp)나 도로표시판, 광고간판용 램프, 각종 옥외용 표시소자로 응용이 확대되고 있다.

### 4) InGaAIP계 등황색 · 황색 LED

InGaAIP는 근래 실용화된 혼합결정 재료인데 직접 천이형 Band 구조를 가져 등황색 · 황색 LED의 휘도 향상이 가능하다. 이 InGaAIP를 이용해 고휘도(광도 1,000[mcd] 이상) 등황색(약 620[nm])의 LED가 개발되고 있다.

### 5) GaN계 청색 LED

고휘도 청색 LED의 출현에 의해 옥외에서의 LED 디스플레이의 풀 컬러화가 촉진될 것이다. 또한 청녹색 LED는 백열전구를 대신하는 신호기의 광원으로 유명하다.

### 6) SiC 청색 LED

SiC는 일찍 시판된 청색 LED의 재료인데 이유는 다른 재료와 달리 P형 결정을 비교적 용이하게 얻을 수 있기 때문이다.

최근 오프 기판 결정을 이용해 1,700℃ 전후에서 PN 접합을 형성해서 결정성을 향상시키고 질소 도너와 Al 억셉터에 의한 DA 페어 발광 중심을 제어성이 좋게 형성함으로써 신뢰성의 향상과 함께 발광효율을 비약적으로 개선하여 30[mcd](20[mA])의 고휘도를 달성하고 있다.

### 7) 풀 컬러 LED

풀 컬러 LED는 적 · 녹색 LED를 조합시킨 하이브리드형으로 발광 효율이 높은 SiC 청색 LED와 GaP 적색 및 녹색 LED를 램프화하여 순백색 발광을 포함한 다수 발광이 가능한 풀 컬러 LED이다.

## 8) 적외선 LED

적외선 LED의 재료는 주로 GaAs로 양성 불순물인 Si를 이용하여 LPE 결정 성장조건으로 그 치환위치(Ga 또는 As 원자)를 제어함으로써 PN 접합을 형성한다. 일반적인 포토 커플러(photo cupler), 포토 아이솔레이터(photo isolator) 등의 복합 광소자로서 가장 많이 이용된다.

최근에는 카메라의 오토 포커스 등 고출력을 요하는 것이나 장거리 리모트 컨트롤용 광원으로서 GaAlAs에 의한 DH 구조의 고출력 타입의 적외선 LED가 이용되고 있다.

## (4) LED 응용제품 구분

| 구 분 | Display용 | Traffic Sign용 | 전장용 | 광원용 | 통신용 |
|---|---|---|---|---|---|
| Set | 옥내외 전광판 | 도로 · 철도교통 신호등<br>도로상태 경보등<br>도로상태 안내등<br>도로지명 표시등 | | 산업용<br>특수조명 | |
| Module & Array | 옥내전광판<br>문자전광판<br>옥외전광판 | 도로교통 신호용 모듈<br>철도교통 신호용 모듈 | Stop Lamp<br>방향지시등<br>브레이크등<br>Dash Board | 정밀과학기기<br>특수조명<br>의료용장비 | IrDA<br>IrDA-Array |
| Unit | 가진제품<br>산업기기용<br>표시창<br>전광판 픽셀 (pixel)<br>완구류 | | | 전구형 Unit<br>형광등형 Unit<br>Back Light (LCD, 단말기, 디지털카메라) | 핸드폰 발광<br>안테나 |

## (5) LED 전압과 전류

LED는 일반적으로 10[mA]에서 50[mA] 사이의 전류에 대하여 1.5[V]에서 2.5[V]의 전압강하가 일어난다. 정확한 전압강하는 LED의 전류 · 색깔 · 오차 등에 따라 약간씩 다르나 일반적으로 순전류를 20[mA] 정도 흘리면 빛을 나타내는 것이 많고, 역방향으로 전압을 걸면 3[V] 정도의 낮은 전압에서 파손될 우려가 있다.

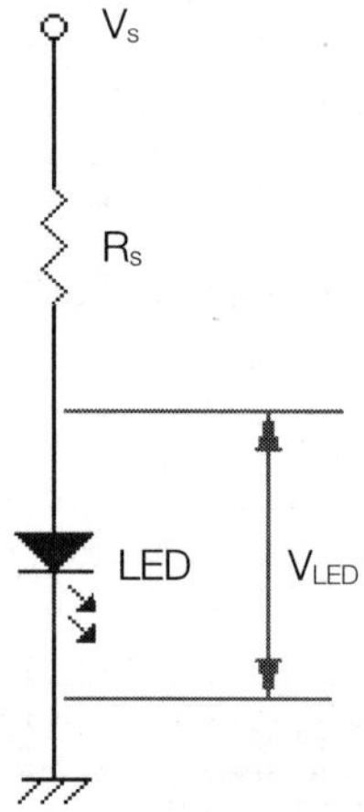


[그림 1-10] LED 구동회로

## (6) LED 구동회로 설계

LED의 밝기는 전류의 세기에 의해 결정된다. 이상적으로 밝기를 조절하는 최선의 방법은 LED를 전류원으로 구동시키는 방법과 높은 공급전압과 큰 직렬저항을 이용하는 방법이 있는데 일반적으로 후자의 방법이 많이 사용된다.

[그림 1-10]은 직렬저항을 이용하는 방법을 나타냈다. 이 경우에 LED 전류는 다음과 같다.

$$I = \frac{V_s - V_{\mathrm{LED}}}{R_s} \qquad (1)$$

(단, $V_s$ : 공급전압, $V_{\mathrm{LED}}$ : LED 전압(2[V]), $R_s$ : 직렬저항)

따라서 전원전압이 크면 클수록 $V_{\mathrm{LED}}$의 영향을 적게 받으므로 $V_s$의 값이 크면 LED 전압의 변화를 무시할 수 있다.

### (7) LED 소자 측정

① [그림 1-11]과 같이 회로시험기의 측정 레인지를 $R \times 1[\Omega]$에 놓는다.

② LED의 양 리드 단자에 회로시험기의 테스트봉을 교대로 대어본다. 그러면, 한쪽 방향에서는 LED가 점등되고, 다른 방향에서는 소등된다면 정상적인 LED이고, 그렇지 않으면 불량이다.

③ LED가 점등되었을 때 회로시험기의 적색 테스터봉이 접속된 LED의 리드 단자가 캐소드(K)가 되고, 흑색 테스트봉이 접속된 리드 단자는 애노드(A)가 된다.

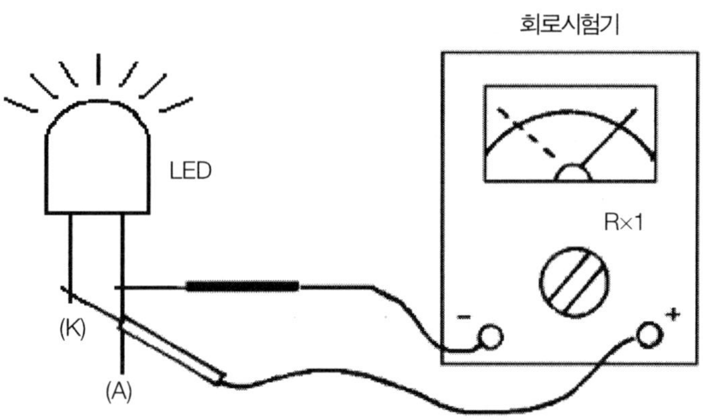


**[그림 1-11] LED 소자 측정**

**• 실습순서 •**

## 1. 적색 LED의 기본 특성실험

① 회로를 [그림 1-12]와 같이 결선한다.

② 스위치(SW)를 닫은 다음 가변저항을 조정하여 전압을 변화시켜가면서 전류 I와 LED의 밝기를 측정하여 〈표 1-3〉에 기록한다.

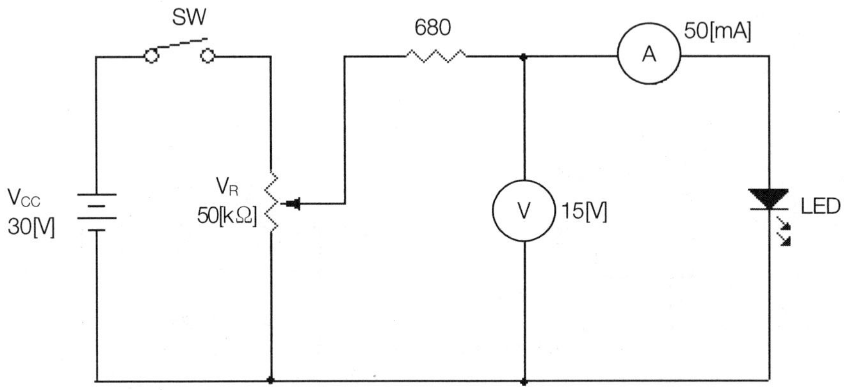


[그림 1-12] LED 측정회로

〈표 1-3〉 LED 측정결과

| $E$[V] | $I$[mA] | LED 밝기[cd] |
|---|---|---|
| 0.4 | | |
| 0.6 | | |
| 0.8 | | |
| 1.0 | | |
| 1.2 | | |
| 1.4 | | |
| 2.0 | | |
| 2.4 | | |
| 3.0 | | |

③ 〈표 1-3〉에 따라 [그림 1-13]에 전압·전류 특성곡선을 그린다.

④ 〈표 1-3〉에 따라 [그림 1-14]에 전압, LED의 밝기 특성곡선을 그린다.

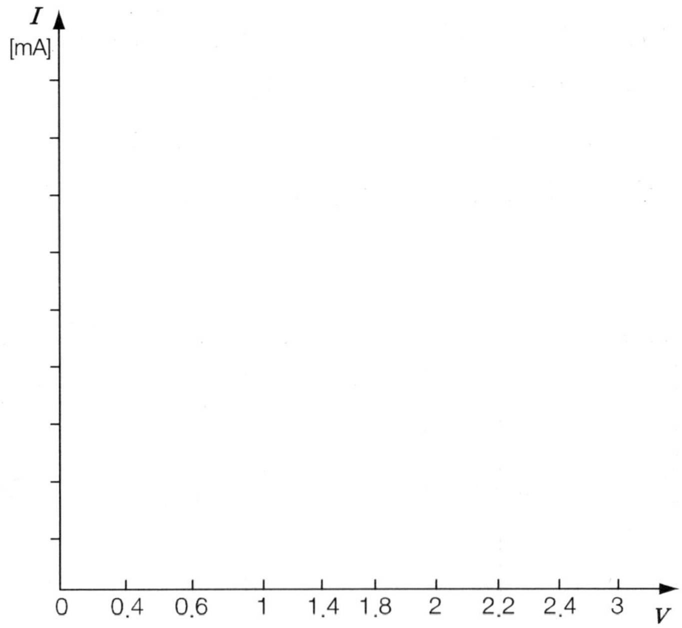


[그림 1-13] LED $I-V$ 특성

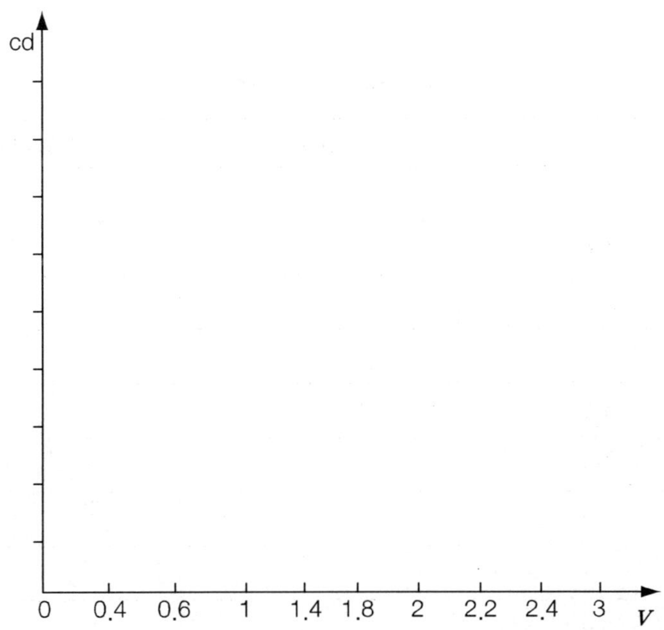


[그림 1-14] LED $V$-cd 특성

## 2. 녹색 LED의 기본 특성실험

① 회로를 [그림 1-15]와 같이 결선한다.

② 스위치(SW)를 닫은 다음 가변저항을 조정하여 전압을 변화시켜가면서 전류(I)와 LED의 밝기를 측정하여 〈표 1-4〉에 기록한다.

③ 〈표 1-4〉에 따라 [그림 1-16]에 전압 · 전류 특성곡선을 그린다.

④ 〈표 1-4〉에 따라 [그림 1-17]에 전압, LED의 밝기 특성곡선을 그린다.

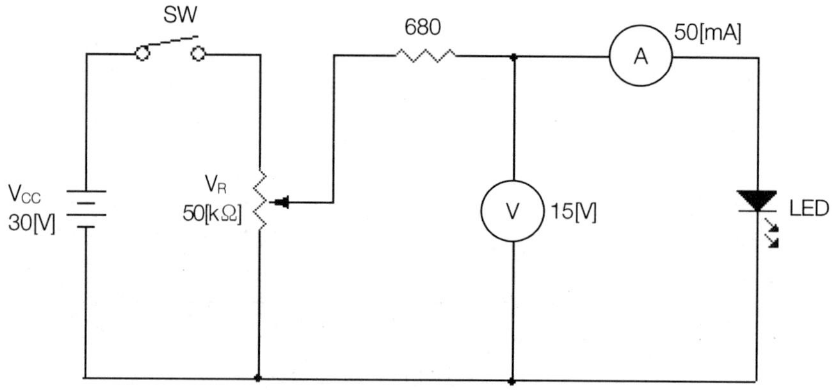


[그림 1-15] LED 측정회로

〈표 1-4〉 LED 측정결과

| $E$[V] | $I$[mA] | LED 밝기[cd] |
|---|---|---|
| 0.4 | | |
| 0.6 | | |
| 0.8 | | |
| 1.0 | | |
| 1.2 | | |
| 1.4 | | |
| 2.0 | | |
| 2.4 | | |
| 3.0 | | |

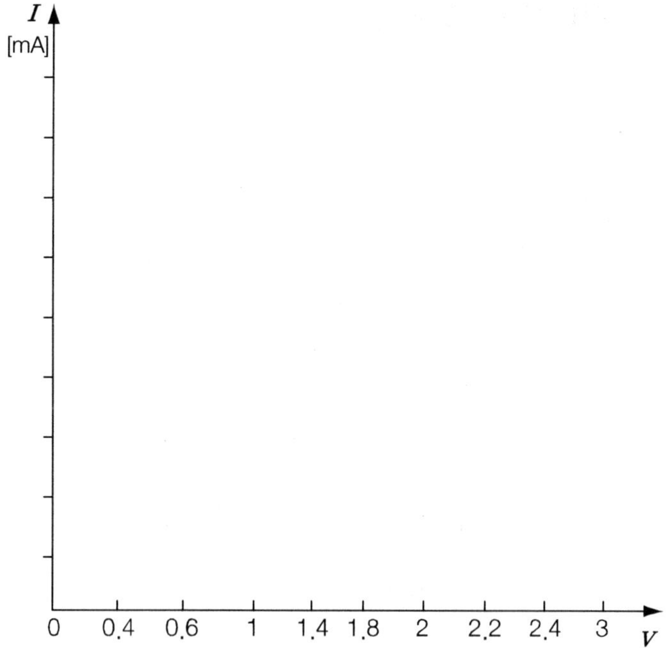


**[그림 1-16] LED $I-V$ 특성**

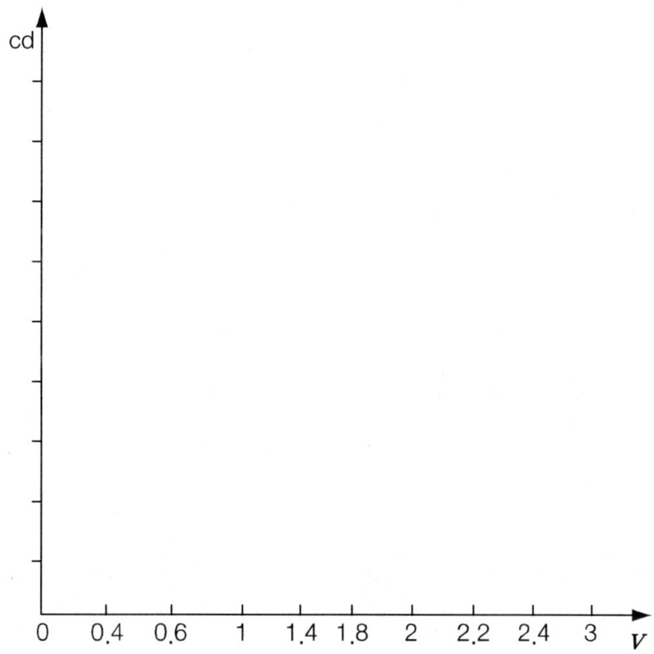


**[그림 1-17] LED $V$-cd 특성**

## 3. 청색 LED의 기본 특성실험

① 회로를 [그림 1-18]과 같이 결선한다.

② 스위치(SW)를 닫은 다음 가변저항을 조정하여 전압을 변화시켜가면서 전류와 LED의 밝기를 측정하여 〈표 1-5〉에 기록한다.

③ 〈표 1-5〉에 따라 [그림 1-19]에 전압 · 전류 특성곡선을 그린다.

④ 〈표 1-5〉에 따라 [그림 1-20]에 전압, LED의 밝기 특성곡선을 그린다.

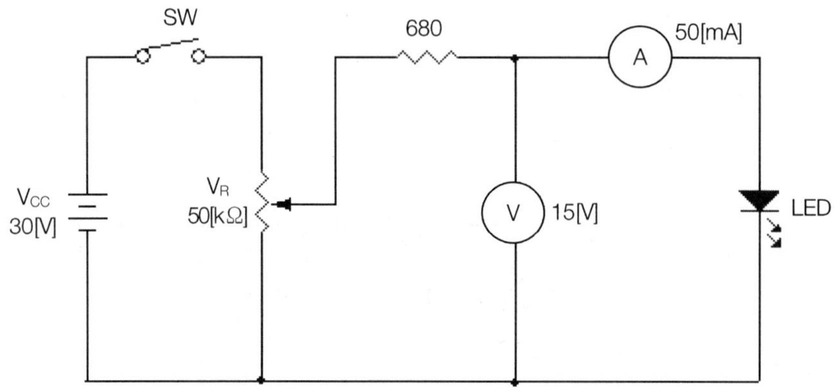


[그림 1-18] LED 측정회로

〈표 1-5〉 LED 측정결과

| $E$[V] | $I$[mA] | LED 밝기[cd] |
|---|---|---|
| 0.4 | | |
| 0.6 | | |
| 0.8 | | |
| 1.0 | | |
| 1.2 | | |
| 1.4 | | |
| 2.0 | | |
| 2.4 | | |
| 3.0 | | |

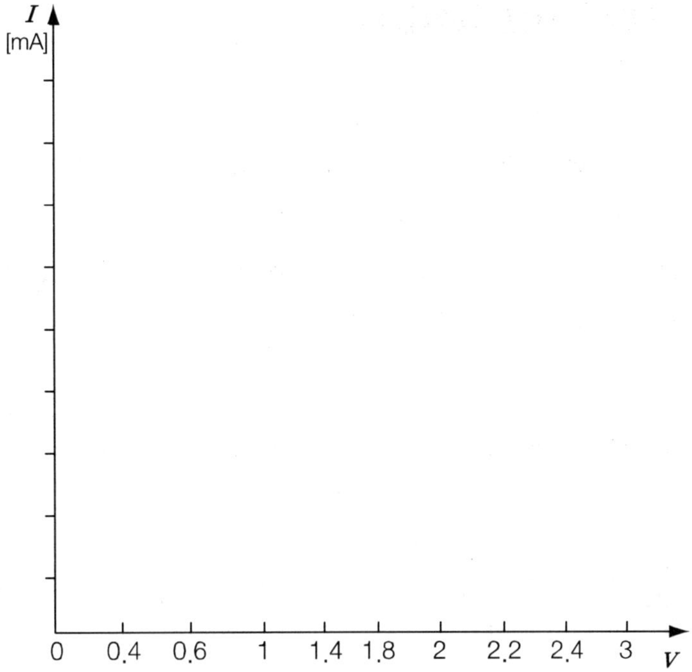


**[그림 1-19]** LED $I-V$ 특성

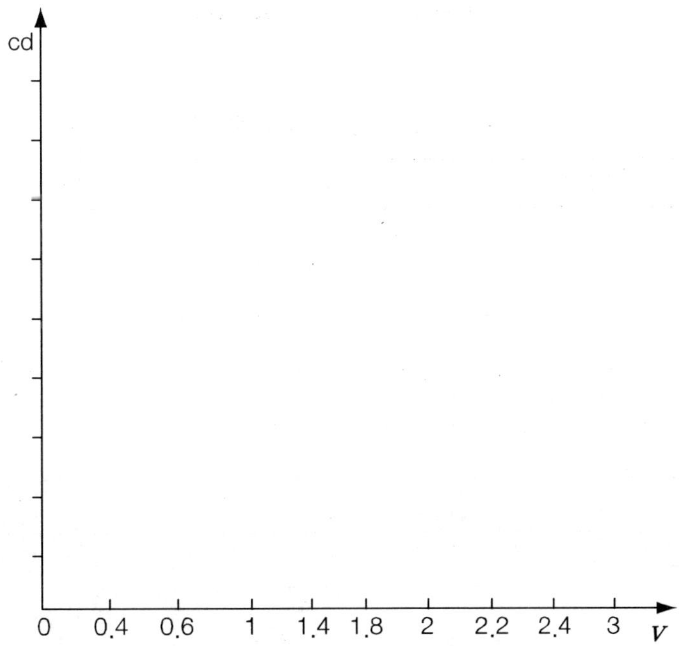


**[그림 1-20]** LED $V$-cd 특성

## 4. 백색 LED의 기본 특성실험

① 회로를 [그림 1-21]과 같이 결선한다.

② 스위치(SW)를 닫은 다음 가변저항을 조정하여 전압을 변화시켜가면서 전류(I)와 LED의 밝기를 측정하여 〈표 1-6〉에 기록한다.

③ 〈표 1-6〉에 따라 [그림 1-22]에 전압 · 전류 특성곡선을 그린다.

④ 〈표 1-6〉에 따라 [그림 1-23]에 전압, LED의 밝기 특성곡선을 그린다.

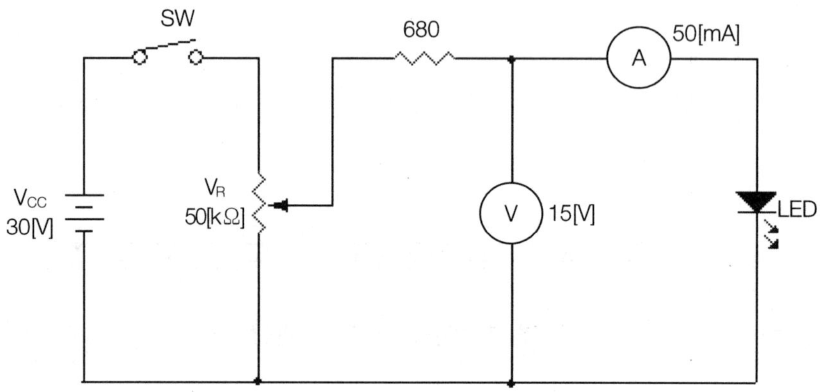


[그림 1-21] LED 측정회로

〈표 1-6〉 LED 측정결과

| $E$[V] | $I$[mA] | LED 밝기[cd] |
|---|---|---|
| 0.4 | | |
| 0.6 | | |
| 0.8 | | |
| 1.0 | | |
| 1.2 | | |
| 1.4 | | |
| 2.0 | | |
| 2.4 | | |
| 3.0 | | |

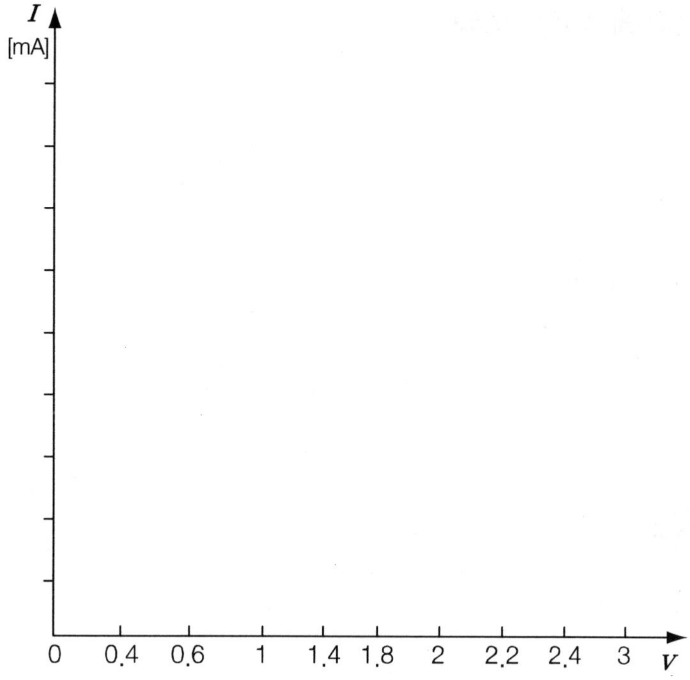


**[그림 1-22] LED $I$- $V$ 특성**

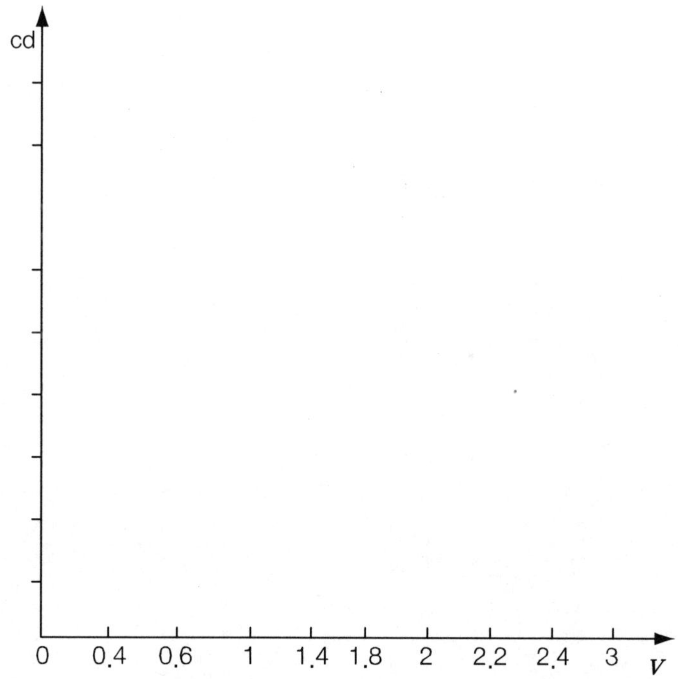


**[그림 1-23] LED $V$-cd 특성**

## 5. 실험결과에 대한 토의

## 6. 실험보고서 작성

## 7. 정리정돈

| 실습 과제명 | 1-2 포토 다이오드 특성실험 | | | |
|---|---|---|---|---|
| 목 표 | ① 포토 다이오드의 구조 및 동작원리를 알 수 있다.<br>② 포토 다이오드의 특성을 측정할 수 있다. | | | |
| **장비 및 공구** | **소요재료** | **규격** | **수량** | **안전 및 유의사항** |
| - 디지털 VM<br>- 전류계<br>- 브레드보드<br>- 직류전원 장치 | LED<br>포토 다이오드<br>IC<br>TR<br>콘덴서<br>저항<br><br>가변저항<br>스위치 | SA5311<br><br>[uA]741<br>C1815<br>100[$\mu$F]<br>68, 330, 470<br>680, 2.2[kΩ], 2[MΩ]<br>50[kΩ]<br>2C2M | 1개<br>1개<br>1개<br>1개<br>1개<br><br>1개<br>1개<br>5개 | ① 장비 사용법을 익혀 부상과 장비 파손에 주의한다.<br>② 소자의 핀번호를 바르게 사용하여 손상이 없도록 한다.<br>③ DC 및 AC 전원을 바르게 연결하여 재료가 파손되지 않도록 한다.<br>④ 감전 등 안전에 주의한다. |

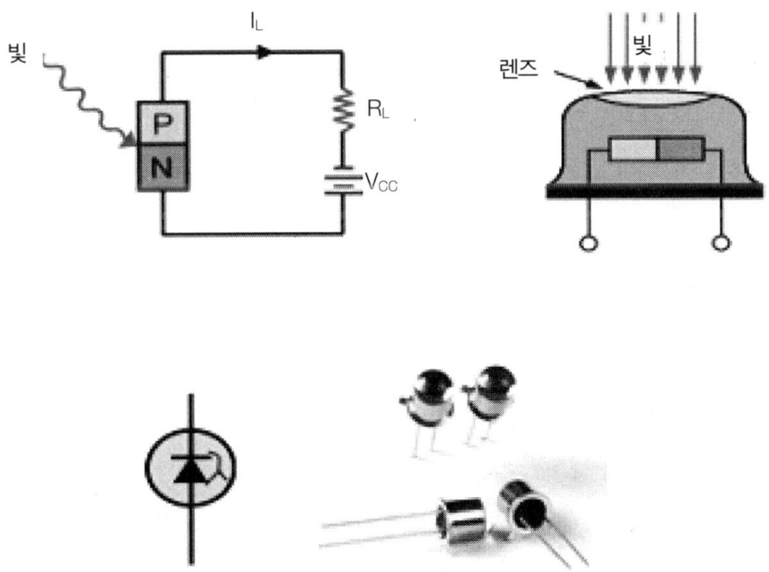


**[그림 1-24] 포토 다이오드 원리 및 외형**

## 관계지식

포토 다이오드는 광센서 중에서 가장 간단한 센서 디바이스로서 반도체의 PN 접합 부분에 광에너지를 쪼이면 광강도의 변화에 비례하여 전류로 변환되고 경시 변화도 거의 없는 광전 변환소자로서 입사광량에 대한 출력의 선형성이 우수하며, 광대역의 파장감도, 저잡음성, 고속응답 특성을 가지고 있으므로 광통신에 널리 사용되고 있다. 그러나 출력전류가 작은 것이 단점이다.

### 1. 포토 다이오드의 원리 및 구조

광검출 소자에 의해 광을 검출하는 기본원리는 광원에서 입사된 빛을 전류로 변환되는 광 · 전 변환을 하게 된다.

에너지 준위에 있어 안정상태의 가전자대에 존재하는 자유전자가 광으로부터 에너지를 받아 전도대로 전이되면서 전하를 가져 전류를 발생하게 되며, 이 과정에서 검출된 광의 파장까지 알 수 있게 된다.

이 과정을 수식으로 알아보면 다음과 같다.

$$E_p = hf_C \quad (1)$$

$$f_C = \frac{E_p}{h} (\because f = \frac{C}{\lambda}) \quad (2)$$

$$\lambda_C = \frac{h \cdot C}{E_p} \quad (3)$$

($h$ : 플랑크 상수, $C$ : 광속, $\lambda_C$ : 파장)

여기서는 자유전자가 가전자대에서 전도대로 여기될 수 있는 에너지로서 구성 물질의 고유 에너지 갭과 같으며, 검출된 광의 파장으로 위 식에 플랑크 상수와 광속의 수치를 대입해보면 다음과 같다.

$$\lambda_C = \frac{1.24}{E_p} \quad (4)$$

$\because h = 6.626 \times 10^{-34}$

$C = 3 \times 10^{8}$

$1\text{eV} = 1.602 \times 10^{-19}$

위의 식을 이용하여 반도체 PN층 구성물질 Si(=4.1eV)와 Ge(=0.81eV)의 검출 파장대를 알아보면 각각 0.3[$\mu$m], 1.531[$\mu$m]임을 알 수 있다.

[그림 1-25]와 같이 포토 다이오드에 빛이 조사되면 실리콘 결정 속의 전자가 여기되고, 그 에너지가 실리콘의 밴드 갭($E_g$)보다 크면 전자는 전도대로 올라가 캐리어의 이동이 활발해져 전류가 흐르게 된다.

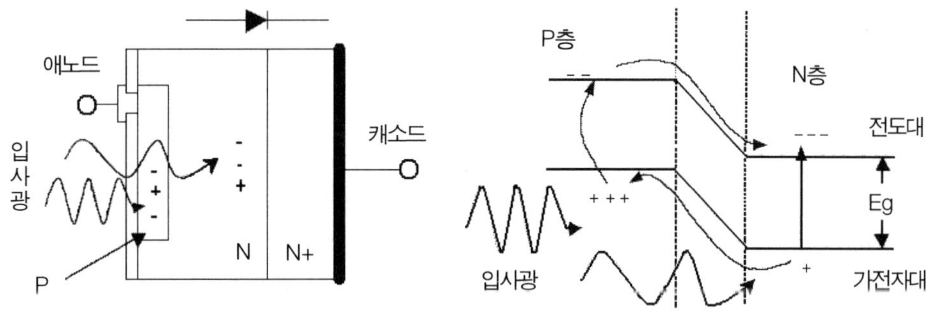


**[그림 1-25] 포토 다이오드 내부구조**

## 2. 포토 다이오드의 특성

광검출기의 특성을 서술하는 데 있어 사용되는 변수들은 다음과 같다.

- 응답도(Responsivity) : $R$, $A/W$
- 이득(Gain) : $G$ (if APD)
- 용량(Capacity) : $C$ [pF]
- 암전류(Dark current) : $I_d$[nA]
- 역바이어스 전압(Reverse Bias Current) : $V_r$[V]

### (1) 응답도 : R, A/W

응답도(Responsivity)는 광검출기에서 가장 중요한 변수로서 광검출의 성능을 나타내는 지수이다. 즉 응답도 $R$은 광전변환 이득을 나타내며, 입사된 광파워에 비례한다. 식 (5)와 같이 입사되는 광자의 세기(입사되는 광에너지)에 대한 출력광전류(광자의 흡수로 생성되는 전류)로 나타낸다[$A/W$].

$$R = \frac{I_p}{P_i} = \frac{A}{W} \tag{5}$$

($A$ : 출력광전류, $W$ : 입사광세기)

### (2) 응답속도

검출기의 출력전류가 피크값에 대해 10%에서 90%까지, 즉 입력전류가 유효성분이 되는 데까지 거리는 시간($T_r$)으로 검출기의 민감성과 관련이 있다.

광검출기의 −3dB 변조대역폭은 다음 식으로 구할 수 있다.

$$f_{-3\mathrm{dB}} = \frac{0.35}{T_r} \tag{6}$$

## (3) $I-V$ 특성곡선

포토 다이오드에 인가되는 바이어스 전압과 출력되는 전류와의 관계를 나타내는 특성곡선으로 포토 다이오드는 역바이어스의 광도전 영역(모드)에서 동작하게 되며, 이 영역에서 출력전류($I$)는 입력 광전압($V$)과 비례한다.

특히 각 소자의 특성에 따라 바이어스 전압이 달라지게 된다. 기본적으로 포토 다이오드들은 광도전 영역 내에서 동작하게 되나 애벌런치 포토 다이오드(APD : Avalanche Photo diode)는 항복전압($V_{Br}$) 부근에 바이어스를 인가해 동작하게 되며, 광전지 영역에서는 특성곡선상 역바이어스를 인가하지 않았을 때도 입사된 광에 의해 순방향 전류를 출력하고 있음이 보이게 된다. 이는 태양전지의 원리가 된다.

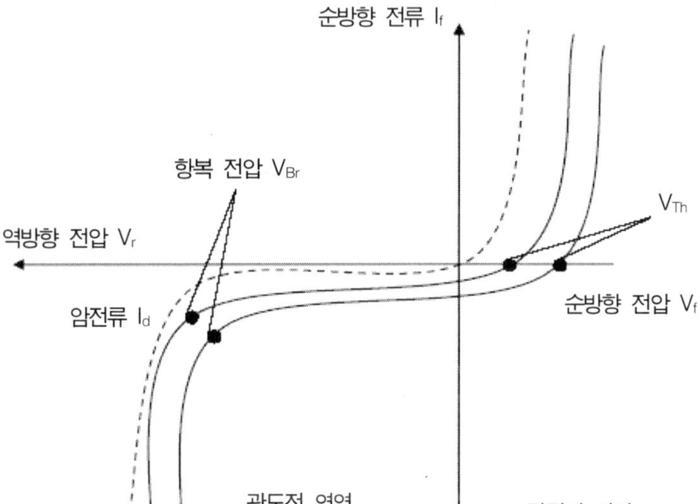


**[그림 1-26]** $I-V$ **특성곡선**

## (4) 암전류

[그림 1-26]와 같이 포토 다이오드의 $I-V$ 특성곡선상에서 광의 입력이 없을 때도 일정한 크기의 미세한 전류가 흐르게 되는데 이를 암전류(dark current)라 하

며, 광검출기에서 주된 잡음의 요인이 된다.

암전류는 열적으로 생성된 자유 캐리어에 의해 발생하고 역방향에서만 발생하므로 열적 역방향 누설전류(thermal reverse leakage current)라 불리며, 실온(대략 25℃)에서 10℃ 상승시 2배 정도의 크기까지 발생한다.

검출된 신호가 암전류보다 작게 되면 검출된 신호를 방해하기 때문에 포토 다이오드를 이용한 수신기 설계시 고려하여야 한다.

## 3. 포토 다이오드의 종류와 용도

포토 다이오드(광검출기)는 그 응용범위만큼이나 많은 종류가 있으며, 이용하고자 하는 응용범위에 따라 선택적으로 이용된다. 〈표 1-7〉과 같이 포토 다이오드는 크게 반도체를 이용한 내부 광전효과로 광을 검출하는 반도체 다이오드와 외부 광전효과로 금속표면의 광전자 방출을 이용한 광전관, 광전자 증배관(PMT) 등이 있다.

**〈표 1-7〉 포토 다이오드의 특징**

| 종 류 | 특 징 | 주요 용도 |
|---|---|---|
| PN 포토 다이오드 (실리콘 다이오드) | • 자외선부터 적외선까지 광범위한 파장감도를 갖는다.<br>• 입사량에 대한 직선성이 뛰어나다.<br>• 미약한 광에도 검출감도를 갖는다.<br>• 응답특성이 PIN 포토 다이오드보다 나쁘다. | 조도계, 카메라의 노출계, 오토스트로의 광센서, 연기센서, 분광광도계 |
| PIN 포토 다이오드 (실리콘 다이오드) | • 고속 응답성<br>• 온도특성이 PN 포토 다이오드보다 나쁘다. | 광통신, 광리모콘, 레이저 디스크 |
| APD (애벌런치형 포토 다이오드) | • 광전류 증폭작용을 가진다.<br>• 넓은 파장감도를 갖는다.<br>• 고속응답 | 광파이버에 의한 광통신 |

외부 광전효과를 이용한 광전관과 광전자 증배관들은 광섬유를 시험할 때 많이 이용되지만 그 특성이 약하여 실제 광통신에 사용되기는 어렵다. 현재 시스템에서 많이 이용되고 있는 반도체 다이오드는 제작하기도 간편하고, 그 특성을 구성

물질(재료)의 종류와 배합비만으로 쉽게 조절이 가능하다.

### (1) PN 접합 포토 다이오드

LED의 발광시 순바이어스를 인가하는 것과는 반대로 PN 접합 포토 다이오드(PN junction Photo diode)는 역바이어스를 인가하여 동작하는 소자로서 PN 접합소자와 쇼트키 다이오드가 이용된다.

[그림 1-27](b)에서와 같이 먼저 안정 에너지 준위상태의 접합소자에 역바이어스를 인가하게 되면 PN 영역 사이에 공핍층이 넓어지게 된다.

공핍층 영역으로 광을 입사시키게 되면 가전자대의 전자는 입사광의 광자가 지니고 있는 광에너지를 받아 전자 · 정공쌍이 생성되게 된다. 이 전자 · 정공쌍 생성에 의해  드리프트 전류(drift current)가 흐르게 되며, 이 전류를 광전류라 한다.

여기서 광자가 전자를 여기시키게 되는 광에너지의 크기는 물질의 에너지 갭 $(E_g)$만큼의 크기인 광에너지$(E_p = hf_p)$이다.

### (2) PIN 포토 다이오드

PN 접합 포토 다이오드가 광을 받아 광전류를 변환하는 데까지는 전자 · 정공쌍이라는 과정을 거쳐야 하므로 빠른 응답시간 특성을 가지기 힘들어 고속 시스템에 적용하기는 어렵다.

또한 포토 다이오드의 특성상 넓은 공핍영역으로 더 많은 광자를 받아들여 빠른 응답시간과 민감성을 가질 수 있는데 PN 접합 포토 다이오드는 공핍영역의 길이가 바이어스 크기에 국한되므로 많은 전력의 소모가 있게 된다.

이런 점에서 PIN 포토 다이오드(PIN photo diode)는 구조상 PN 접합 포토 다이오드보다 더 우수한 성능을 가진다.

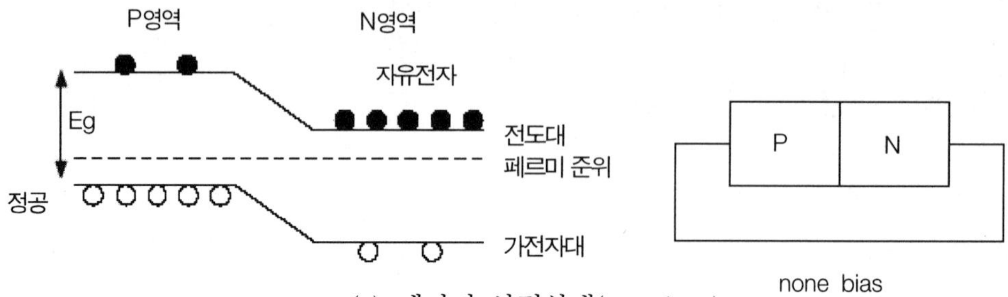

(a) 에너지 안정상태(non bias)

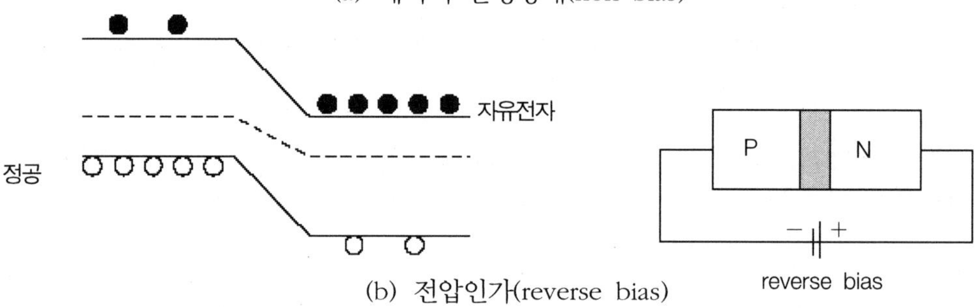

(b) 전압인가(reverse bias)

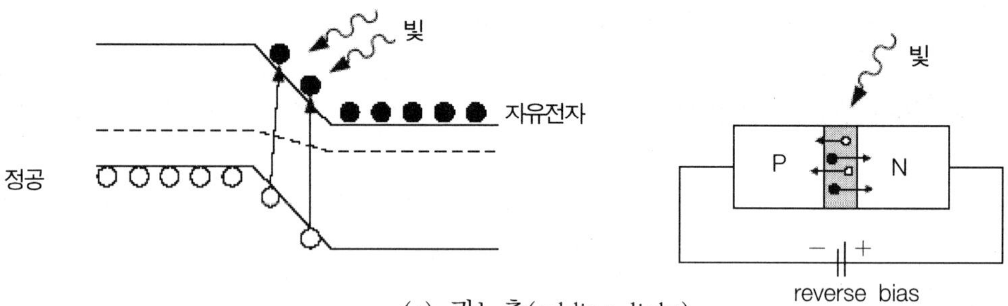

(c) 광노출(adding light)

**[그림 1-27] PN 접합 포토 다이오드의 광전효과**

## 1) 특 징

PIN 포토 다이오드는 PN 접합 다이오드에서 P영역 사이와 N영역 사이에 진성 영역(intrinsic region)을 샌드위치 구조로 도핑시켜 역바이어스를 인가하기 전에 미리 공핍영역을 가진 것과 같이 제작된 소자이다. 그러므로 큰 역바이어스 전류가 필요없이 충분한 공핍영역의 길이를 가지게 된다.

PIN 포토 다이오드는 광전도 모드에서 8~10[V]의 역바이어스로 동작할 수 있는 저전압 동작특성과 고속응답의 장점을 가지게 된다.

## 2) $I-V$ 특성

PIN 포토 다이오드의 $I-V$ 특성은 출력전류가 광전압에 비례하여 나타나게 된다. 암전류 값은 1[nA]에서 수백 [nA] 이상이며 Si 포토 다이오드보다 InGaAs 포토 다이오드의 암전류가 크다.

Ge 포토 다이오드가 가장 큰 암전류 값을 가진다.

## 3) 응답도

PIN 포토 다이오드는 빠른 응답속도(상승시간)를 가지며, 약 0.5[ns]로 100[ps] 이하의 상승시간을 가진다. PIN 포토 다이오드의 구성물질에 따른 응답특성을 [그림 1-28]에 나타내었다.

현재 광통신 시스템에서의 광전소자로 가장 널리 이용되고 있는 PIN 포토 다이오드의 사용 재료인 InGaAs는 1.0～1.6[ns]에서 높은 응답도를 갖는다.

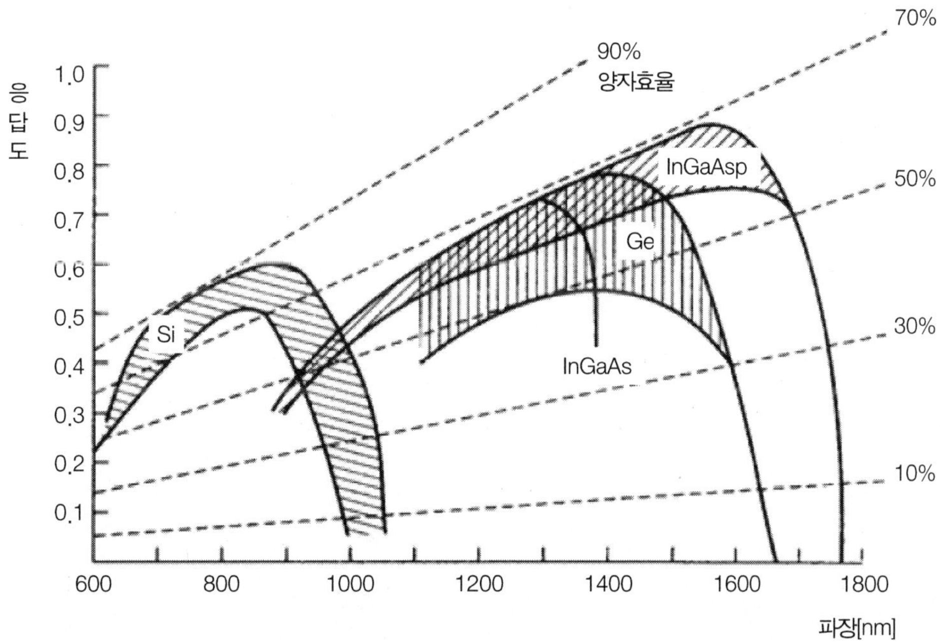


**[그림 1-28] PIN 포토 다이오드의 구성물질별 파장 분포**

## 4. 포토 다이오드의 효과적인 활용법

① 포토 다이오드는 입사광량과 출력전류의 직선성이 우수하기 때문에 광대역의 측광에 적합하다.

② 포토 다이오드는 포토 트랜지스터나 CDS에 비해서 2자리 이상 응답특성이 빠르다.

③ PIN형 포토 다이오드는 접합용량이 작기 때문에 응답특성이 뛰어나다.

④ 포토 다이오드는 역바이어스를 걸면 응답특성이 향상된다.

⑤ 포토 다이오드는 조도변화를 대수 압축하는 작용이 있다.

⑥ 포토 다이오드는 부하저항이 커지면 조도가 높아지는 쪽의 직선성이 나빠진다.

⑦ 고속응답을 요구할 경우에는 수광면적이 작은 포토 다이오드를 선택한다.

⑧ 포토 다이오드는 포화영역에서 사용하면 응답특성이 저하된다.

⑨ 포토 다이오드는 출력신호가 매우 낮으므로 OP AMP와 함께 사용하는 것이 효과적이다.

## • 실습순서 •

# 1. 포토 다이오드 기본 특성실험

① 회로를 [그림 1-29]와 같이 결선한다.

② 스위치(SW)를 off시킨 상태에서 $R_L=100[\Omega]$일 경우 부하저항 $R_L$ 양단의 전압을 DVM을 이용하여 출력전압($V_o$)을 측정하여 〈표 1-8〉에 기록한다.

③ 스위치(SW)를 off시킨 상태에서 포토 다이오드 $D_2$를 손으로 잡아 자연광을 차단한 상태에서 출력전압($V_o$)을 측정하여 〈표 1-8〉에 기록한다.

④ 스위치(SW)를 on시키고 출력전압($V_o$)을 측정하여 〈표 1-8〉에 기록한다.

⑤ 스위치(SW)를 off시킨 상태에서 $R_L=1[k\Omega]$으로 바꾼 후에 실험과정 ②~④를 반복한다.

⑥ 스위치(SW)를 off시킨 상태에서 $R_L=10[k\Omega]$으로 바꾼 후에 실험과정 ②~④를 반복한다.

⑦ 스위치(SW)를 off시킨 상태에서 $R_L=50[k\Omega]$으로 바꾼 후에 실험과정 ②~④를 반복한다.

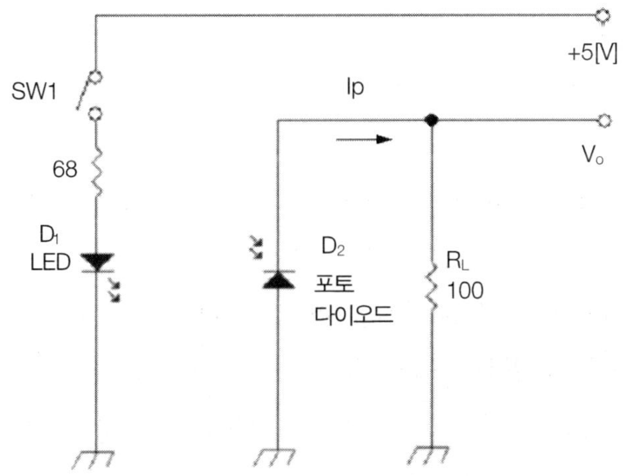


**[그림 1-29] 포토 다이오드 측정회로**

〈표 1-8〉 포토 다이오드 측정결과

| 실험순서 | ② | ③ | ④ |
|---|---|---|---|
| $R_L$=100[Ω]일 경우 | [mV] | [mV] | [mV] |
| $R_L$=1[kΩ]일 경우 | [mV] | [mV] | [mV] |
| $R_L$=10[kΩ]일 경우 | [mV] | [mV] | [mV] |
| $R_L$=50[kΩ]일 경우 | [mV] | [mV] | [mV] |

## 2. 포토 다이오드를 이용한 LED 회로

포토 다이오드의 출력전류가 매우 미약하므로 소자 단독으로는 사용할 수가 없어서 트랜지스터를 이용하여 포토 다이오드의 신호를 증폭한 후 LED를 구동하는 회로이다.

① 회로를 [그림 1-30]과 같이 결선한다.

② 스위치 SW1을 off, SW2를 on시킨 상태에서 출력전압( $V_o$)을 측정하여 〈표 1-9〉에 기록한다.

③ 스위치 SW1과 SW2를 on시킨 상태에서 출력전압( $V_o$)을 측정하여 〈표 1-9〉에 기록한다.

④ 스위치 SW1과 SW2를 off시키고 출력저항(2.2[kΩ])의 양단에 LED를 연결한다.

⑤ 스위치 SW1을 off, SW2를 on하였을 때 출력 LED를 관찰하고, 이때의 출력전압( $V_o$)을 측정하여 〈표 1-9〉에 기록한다.

⑥ 스위치 SW1과 SW2를 on시켰을 때 출력 LED 동작을 관찰하고, 이때의 출력전압( $V_o$)을 측정하여 〈표 1-9〉에 기록한다.

⑦ 입력 LED $D_1$와 포토 다이오드 $D_2$ 사이에 종이 등을 넣어 차단시켰을 때 출력 LED의 동작을 관찰한다.

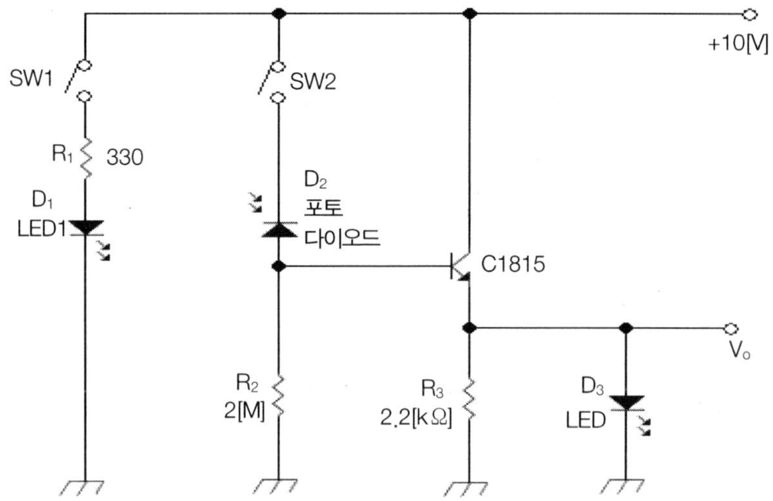


[그림 1-30] TR과 포토 다이오드를 이용한 LED 회로

〈표 1-9〉 포토 다이오드 실험 측정결과

| 실험순서 | ② | ③ | ④ | ⑤ | ⑥ |
|---|---|---|---|---|---|
| 출력전압($V_o$) | | | | | |
| 출력 LED의 동작상태 | | | | | |

## 3. 실험결과에 대한 토의

## 4. 실험보고서 작성

## 5. 정리정돈

| 실습 과제명 | 1-3 포토 트랜지스터 특성실험 |
|---|---|
| 목 표 | ① 포토 트랜지스터(TR)의 구조 및 동작원리를 알 수 있다.<br>② 포토 트랜지스터(TR)의 특성을 측정할 수 있다. |

| 장비 및 공구 | 소요재료 | 규격 | 수량 | 안전 및 유의사항 |
|---|---|---|---|---|
| - 디지털 VM | LED | 적색 | 6개 | ① 장비 사용법을 익혀 부상과 장비 파손에 주의한다. |
| - 전류계 | 포토 TR | OS-18 | 1개 | |
| - 브레드보드 | IC | uA741 | 1개 | ② 소자의 핀번호를 바르게 사용하여 손상이 없도록 한다. |
| - 직류전원장치 | TR | C1815 | 1개 | |
| | 저항 | 150, 180, 10[kΩ] | 1개 | ③ DC 및 AC 전원을 바르게 연결하여 재료가 파손되지 않도록 한다. |
| | | 2.2[kΩ] | 4개 | |
| | 가변저항 | 100[kΩ] | 1개 | |
| | 스위치 | 2C2M | 2개 | ④ 감전 등 안전에 주의한다. |

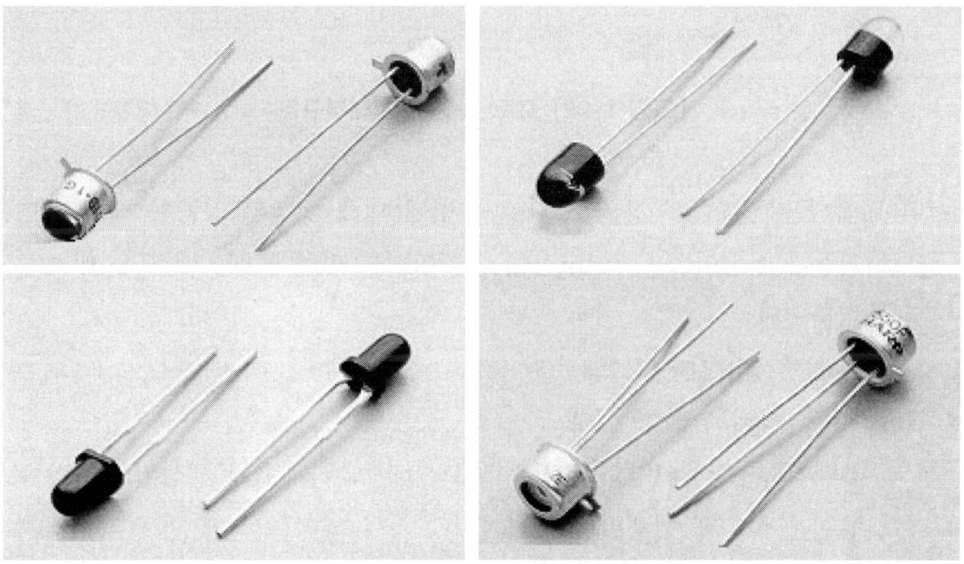

[그림 1-31] 포토 트랜지스터의 외형

## 관계지식

포토 트랜지스터는 빛의 유무를 감지하여 광강도를 전류로 변환하는 고감도 NPN형 트랜지스터 소자로서 트랜지스터의 베이스에 포토 다이오드를 역방향으로 접속한 것으로 회로구성이 비교적 간단하고, 출력전류도 크기 때문에 저주파의 광센서 회로에 이용되고 있다.

### 1. 포토 트랜지스터의 구조

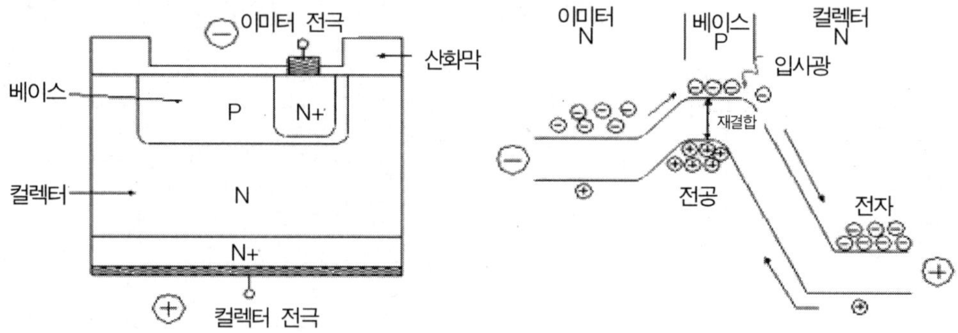


**[그림 1-32] 포토 다이오드 내부구조**

① PN 접합의 기전력을 이용한 소자로서 빛에 의해 생성된 정공이 베이스 영역으로 이동하여 베이스－이미터간에 바이어스를 만들어내는 것에 의해 증폭효과를 나타낸다.

② [그림 1-32]에서와 같은 포토 트랜지스터는 NPN형으로서 베이스－컬렉터간이 역바이어스 상태로 되어 있다.

- 빛이 베이스－컬렉터간의 공핍층과 그 부근에 가해지면 생성된 전자는 (+) 도너 이온에 의해 컬렉터측에, 정공은 (－) 억셉터 이온에 의해 베이스측으로 이동하므로 베이스－이미터간의 PN 접합은 순방향 바이어스가 된다.
- 이로 인해 베이스－이미터간의 순방향 전류가 흐르게 되며, 또한 베이스 영역이 얇게 제조되어 있으므로 이미터에서 베이스 영역으로 이동하는 전자는 컬렉터 영역까지 도달하여 컬렉터－이미터간에 전류가 흐르게 된다.

## 2. 포토 트랜지스터의 기본회로

포토 트랜지스터를 효과적으로 사용하기 위한 기본회로를 [그림 1-33]에 나타내었다.

① [그림 1-33](a)는 이미터 출력회로로서 포토 트랜지스터의 이미터측에 부하저항을 접속해서 그 출력을 이미터에서 끄집어낸 방식이다.

이 회로의 특징은 출력신호가 입사광과 같은 위상이라는 것과 다음 단에 NPN 트랜지스터를 접속하기 쉽다는 것과 펄스광 검출에 알맞다는 장점이 있다. 단점으로는 출력신호가 작다는 점이다.

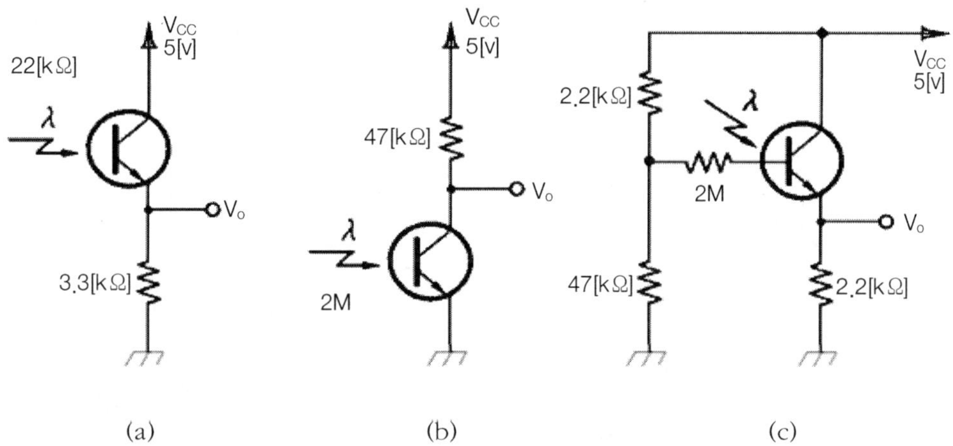


**[그림 1-33] 포토 트랜지스터 기본회로**

② [그림 1-33](b)는 컬렉터 출력회로로서 포토 트랜지스터의 컬렉터측에 부항저항을 접속해서 그 출력을 컬렉터에서 끄집어낸 방식이다. 이 회로의 특징은 출력신호를 $V_{CE(SAT)}$까지 그 출력전압을 이용할 수 있고, 펄스광 검출에 알맞은 장점이 있으며, 출력신호가 입사광과 역위상이다.

③ [그림 1-33](c)는 암전류(역포화전류) 보상형 회로라고도 불리는데 이것은 베이스 단자가 붙어 있는 포토 트랜지스터에 많이 이용되고 있는 온도보상 회로이다.

이 회로는 온도보상법의 여러 가지 방법 중 브리더 방식의 회로로서 직류 동작점의 열적 안정성이 양호하고, 아날로그 광의 측광에 적합하며, 베이스 전류에 의해 역포화 전류를 저감할 수 있는 장점이 있다.

## 3. 포토 트랜지스터의 응용회로

[그림 1-34](a)는 이미터 출력 형식의 포토 달링턴 회로이다.

포토 트랜지스터의 이미터에 또 다른 NPN 트랜지스터를 접속하여 그 이미터에 부하저항을 접속한 이미터 폴로워 형식의 회로이다. 이 회로의 특징은 매우 큰 광전류를 얻을 수 있기 때문에 [그림 1-34](b)와 같이 10[mA] 정도의 소형 릴레이를 직접 구동할 수 있는 장점이 있다. 트랜지스터 광전류 $I_{\mathrm{PT}}$는 외부 트랜지스터에 거의 $hf_e$ 배가 된다. 출력전압은 $V_o = I_{\mathrm{PT}}(1+hf_e)R_E$이다.

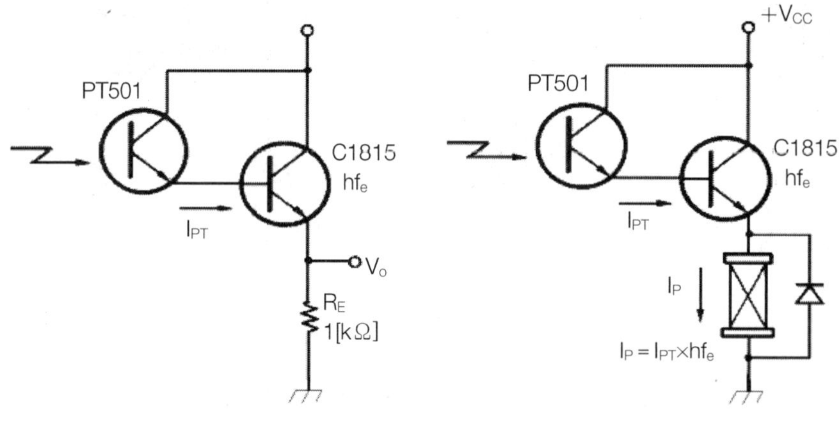


(a) (b)

**[그림 1-34] 트랜지스터와의 조합회로**

## 4. 포토 트랜지스터의 효과적인 활용법

포토 트랜지스터는 포토 다이오드와 트랜지스터를 조합시킨 일종의 광센싱 소자로서 이를 잘 사용하기 위해서는 몇 가지 알아두어야 할 사항이 있다.

① 포토 트랜지스터의 응답특성은 포토 다이오드보다 1자리 이상 늦다.
② 포토 트랜지스터에는 이미터 출력 형식과 컬렉터 출력 형식이 있다.
③ 컬렉터 출력 형식은 출력전압 이용률이 높다.
④ 포토 트랜지스터는 여러 개의 트랜지스터를 조합시킨 포토 달링턴 타입이 있다.
⑤ 포토 달링턴 타입은 출력전류는 크지만 응답특성이 매우 늦다.
⑥ 포토 트랜지스터는 저주파 펄스광의 광센싱 회로에 적합하다.
⑦ 포토 트랜지스터의 광전류는 $hf_e$(트랜지스터의 전류증폭률)배로 증폭된다.
⑧ 포토 트랜지스터의 온도보상에는 베이스가 부착된 포토 트랜지스터가 좋다.
⑨ 베이스가 부착된 포토 트랜지스터는 광전류의 직선성을 개선할 수 있다.

## 5. 포토 트랜지스터 소자 측정

① [그림 1-35]와 같이 회로시험기의 측정 레인지를 $R$×100[Ω]에 놓는다.
② LED의 양 리드 단자에 회로시험기의 테스트봉을 교대로 대어본다. 이때 회로시험기의 지침이 많이 움직이는 곳(저항값이 적은 곳)과 적게 움직이는 곳이 있는데 많이 움직이는 곳을 기준하여 포토 트랜지스터에 빛을 쬐면 저항값이 더욱 감소하고, 빛을 차단할 때 저항값이 증가하면 정상적인 포토 트랜지스터이고 그렇지 않으면 불량이다.
③ 포토 트랜지스터에 빛을 쬐어 저항값이 감소한 상태에서 테스터의 리드봉이 흑색인 곳이 컬렉터이고, 적색인 곳이 이미터이다.
④ 포토 트랜지스터의 리드선 단자(베이스 단자가 있는 포토 트랜지스터)가 있는 경우는 NPN 트랜지스터의 이미터 · 베이스 · 컬렉터를 찾는 방법과 같이 공통으로 움직이는 단자가 베이스이고, 나머지 단자가 이미터와 컬렉터이다.

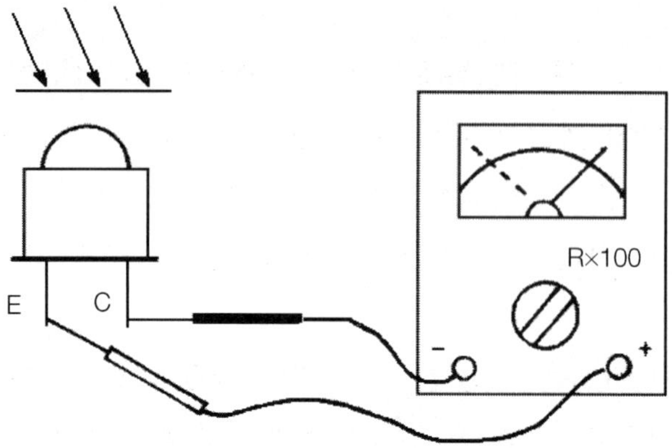


[그림 1-35] 포토 트랜지스터 소자 측정

• 실습순서 •

# 1. 포토 다이오드 기본 특성실험

① 회로를 [그림 1-36]와 같이 결선한다.

② 발광 다이오드 $D_1$과 포토 트랜지스터 $Q_1$의 투명창이 서로 마주보도록 눕혀서 회로를 결선한다. 이때 $D_1$과 $Q_1$의 간격은 약 1[cm] 정도 간격을 띄운다.

③ 스위치 SW1을 off 상태, SW2를 on한 상태에서 출력전압 $V_{out}$를 측정하여 〈표 1-10〉에 기록한다.

④ 스위치 SW1, SW2를 on한 상태에서 $V_{out}$를 측정하여 〈표 1-10〉에 기록한다.

⑤ 스위치 SW1, SW2를 on한 상태에서 출력단의 LED 동작상태를 확인하여 〈표 1-10〉에 기록한다.

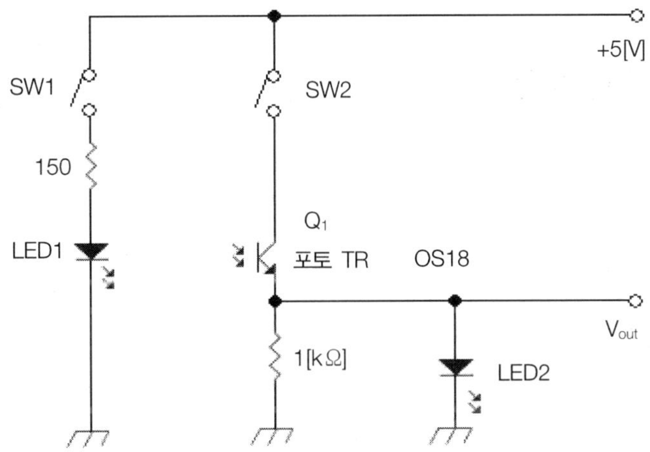


**[그림 1-36] 포토 트랜지스터 특성 측정회로**

⑥ $D_1$과 $Q_1$ 사이에 종이 등을 이용하여 $Q_1$에 빛을 차단하고, 출력단의 LED의 동작상태를 확인하여 〈표 1-10〉에 기록한다.

⑦ 스위치 SW1을 off 상태, SW2를 on 상태에서 출력단의 LED 동작상태를 확인하여 〈표 1-10〉에 기록한다.

〈표 1-10〉 포토 트랜지스터 특성 측정결과

| SW 상태 | | 출력전압($V_{out}$) | 출력(LED) 상태 |
|---|---|---|---|
| SW1 | SW2 | | |
| off | on | [mV] | on off |
| on | on | [mV] | on off |
| $D_1$과 $Q_1$ 사이 차단시 | | × | on off |
| $D_1$과 $Q_1$ 사이 개방시 | | × | on off |

## 2. 실험결과에 대한 토의

## 3. 실험보고서 작성

## 4. 정리정돈

| 실습 과제명 | 1-4 포토 인터럽터 특성실험 | | | |
|---|---|---|---|---|
| 목 표 | ① 포토 인터럽터의 구조 및 동작원리를 알 수 있다.<br>② 포토 인터럽터의 특성을 측정할 수 있다. | | | |
| 장비 및 공구 | 소요재료 | 규격 | 수량 | 안전 및 유의사항 |
| – 디지털 VM<br>– 전류계<br>– 브레드보드<br>– 직류전원 장치 | 포토 인터럽터<br>LED<br>부저<br>저항 | TLP850<br>적색<br>3[V]<br>220<br>470, 4.7[kΩ] | 2개<br>1개<br>1개<br>1개<br>각 1개 | ① 장비 사용법을 익혀 부상과 장비 파손에 주의한다.<br>② 소자의 핀번호를 바르게 사용하여 손상이 없도록 한다.<br>③ DC 및 AC 전원을 바르게 연결하여 재료가 파손되지 않도록 한다.<br>④ 감전 등 안전에 주의한다. |

[그림 1-37] 포토 인터럽터의 외형

## 관계지식

발광소자(Emitter : irED, LED)와 수광소자(Detector : Photo Transistor, Photo IC)를 하나의 패키지(package)에 조립하여 발광소자의 광을 이용하여 물체의 유 · 무 또는 위치 등을 수광소자에 의해 on, off 스위치 역할을 하는 결합소자로서 수명은 반영구적이고 검출 정도가 높다.

따라서 회전체의 회전 검출, 물체의 고정도 위치 검출에 사용되고 있다. 일명 포토 센서(photo sensor)라고도 한다.

포토 인터럽터는 비접촉으로 물체의 유무 및 위치를 감지할 수 있어 다른 스위치와 비교해 큰 장점을 가지고 있다.

### 1. 포토 인터럽터의 구조

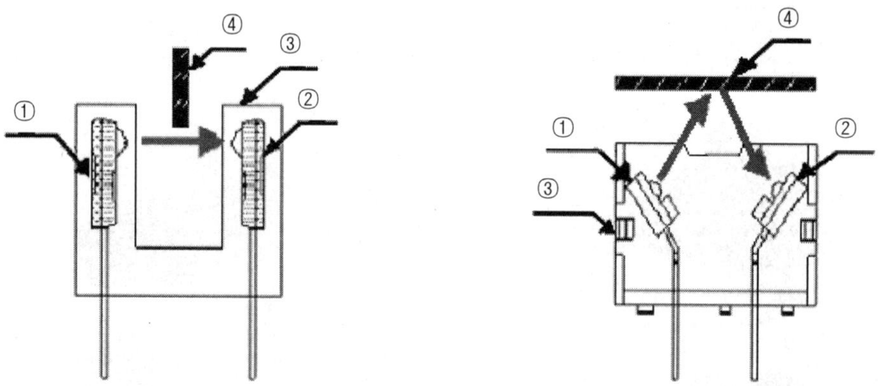


① 발광소자(emitter), ② 수광소자(detector), ③ 외형(package), ④ 검출물체(object)

(a) 투과형 포토 인터럽터 (b) 반사형 포토 인터럽터

**[그림 1-38] 포토 인터럽터의 구조**

포토 인터럽터의 구조는 [그림 1-38]과 같으며, 〈표 1-11〉과 같이 크게 2종류로 구분할 수 있다.

발광소자와 수광소자를 일정한 간격을 두고 마주보게 하여 하나의 패키지 안에 고정시켜 그 사이의 물체의 유무와 위치를 감지하는 투과형 포토 인터럽터와 발광소자와 수광소자를 평면상 또는 어떤 각도를 두어 동일한 방향으로 배치하여 하나의 패키지 안에 고정시켜 발광소자로부터 나온 광을 물체에 반사시켜 그 반사광을 수광소자에서 검출하는 반사형 포토 인터럽터가 있다.

### (1) 투과형 포토 인터럽터

발광측에 GaAs 적외 발광 다이오드를 사용하고 수광측에 실리콘 포토 트랜지스터를 사용한다. 검출 정도를 높이기 위해 케이스의 수광·발광의 창에 슬릿(slit)를 두었다. 슬릿, 검출 캡 및 홀더 구조는 사용목적에 따라 다르게 정해지는데 사용환경에 대응해 연기·먼지 등이 많은 곳에서는 우수한 검출 정도를 확보하기 위해 독자적인 프리즘 슬릿 구조를 갖는 방진 타입을 사용한다.

### (2) 반사형 포토 인터럽터

발광측에 GaAs 적외 발광 다이오드를, 수광측에 실리콘 포토 트랜지스터를 사용한다. 또한 가시광 커트필터를 채용해 외란광의 영향을 받지 않도록 하였다.

**〈표 1-11〉 포토 인터럽터의 분류**

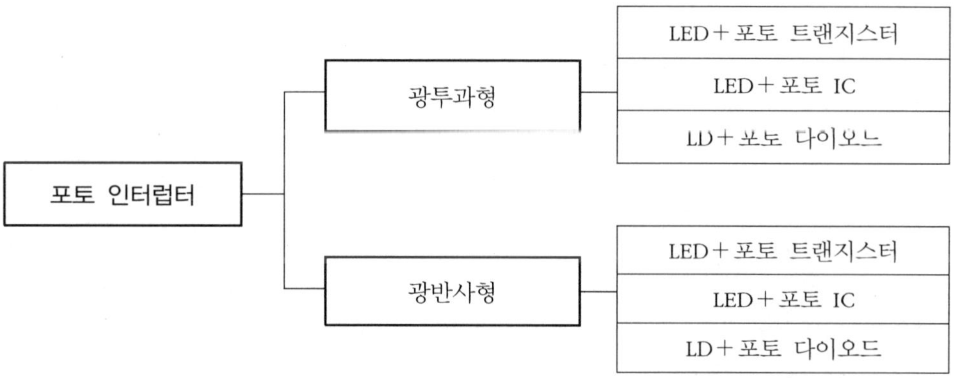


※LED : 발광 다이오드, LD : 레이저 다이오드

## 2. 포토 인터럽터 특징

① 입·출력 사이는 전기적으로 절연되어 있기 때문에 전원전압, 바이어스 전위 등은 서로 관계가 없다.

② 빛에 의한 단일 지향성이므로 출력에서 입력으로의 정보 전달이 되지 않는다.

③ 입 · 출력 임피던스를 독립적으로 설정할 수가 있다.

④ 임피던스가 크게 다른 인터페이스 회로간의 신호 전달에도 매우 좋다(TTL, C-MOS와 접속 가능).

⑤ 응답속도(0.1~20[ms])가 빠르며, 소형 · 경량이다.

⑥ 검출거리가 길다(반사형 : 0.5[mm], 투과형 : 0~1[km] 정도).

⑦ 검출 정밀도가 높다(광전스위치 : 0.1[mm], 이미지센서 : 수[$\mu$m]).

⑧ 자기 및 진동의 영향을 받지 않는다.

⑨ 단점으로는 렌즈면의 물이나 기름기도 검출하며, 10만[LX] 이상이나 특수한 조건에서 외란광에 주의할 필요가 있다.

**● 실습순서 ●**

## 1. 컬렉터 출력형 포토 인터럽터 회로실험

포토 인터럽터를 이용한 회로는 컬렉터 출력형식과 이미터 출력형식이 있는데 회로 구성상 컬렉터 출력형식이 출력 레벨에 있어서 뒷 단과의 인터페이스가 쉬운 장점이 있으며, 응답특성이 수십[kHz] 정도까지 미치기 때문에 모터의 회전센서로서 많이 사용되고 있다.

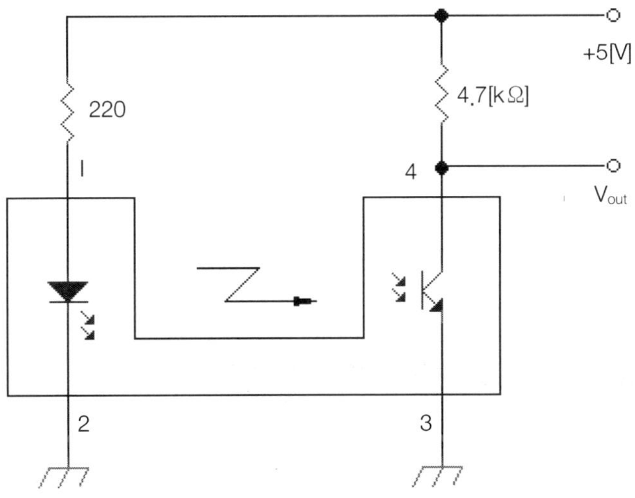


**[그림 1-39] 컬렉터 출력형 회로**

① 회로를 [그림 1-39]와 같이 결선한다.

② 전원을 인가하고 출력전압 $V_{out}$를 측정하여 〈표 1-12〉에 기록한다.

③ 슬릿 사이에 종이 등을 이용하여 차단한 후 출력전압 $V_{out}$를 측정하여 〈표 1-12〉에 기록한다.

④ 전원을 off하고 DVM을 이용하여 출력저항(4.7[kΩ])에 흐르는 전류를 측정할 수 있도록 회로를 결선한다. 전원을 on한 후 슬릿을 막았을 때의 전류와 막

지 않았을 때의 전류를 측정하여 〈표 1-12〉에 기록한다.

⑤ 출력전압 $V_{out}$이 빛의 유무와 어떠한 관계가 있는지 검토한다.

**〈표 1-12〉 컬렉터 출력형 특성 측정결과**

| 실험과정 | 측정결과 |
|---|---|
| ② | $V_{out}$ = [V] |
| ③ | $V_{out}$ = [V] |
| ④ | 슬릿을 차단했을 때 $I$ = [mA]<br>슬릿을 차단하지 않았을 때 $I$ = [mA] |
| ⑤ | |

## 2. 이미터 출력형 포토 인터럽터 회로실험

이미터 출력형 포토 인터럽터 회로는 성능상으로 컬렉터 출력형 포토 인터럽터 회로와 별 차이는 없지만 회로구성상 전압 이용률이 다소 저하된다.

그러나 입사광과 출력신호가 동위상이어서 GND를 기준으로 신호출력을 얻어낼 수 있다.

① 회로를 [그림 1-40]과 같이 결선한다.

② 전원을 인가하고 출력전압 $V_{out}$를 측정하여 〈표 1-13〉에 기록한다.

③ 슬릿 사이에 종이 등을 이용하여 차단한 후 출력전압 $V_{out}$를 측정하여 〈표 1-13〉에 기록한다.

④ 출력저항(4.7[kΩ])과 병렬로 부저와 LED를 연결한 후 슬릿 사이에 종이 등

을 이용하여 차단시켜보자. 이때 부저와 LED의 동작을 〈표 1-13〉에 기록한다.

⑤ 전원을 off하고 DVM을 이용하여 출력저항(4.7[kΩ])에 흐르는 전류를 측정할 수 있도록 회로를 결선한다.

전원을 on한 후 슬릿을 차단했을 때의 전류와 차단하지 않았을 때의 전류를 측정하여 〈표 1-13〉에 기록한다.

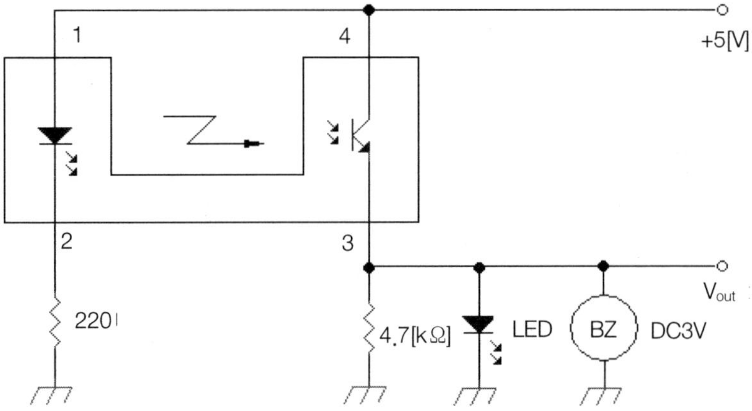


**[그림 1-40] 이미터 출력형 회로**

**〈표 1-13〉 이미터 출력형 특성 측정결과**

| 실험과정 | 측정결과 |
|---|---|
| ② | $V_{out}$ = [V] |
| ③ | $V_{out}$ = [V] |
| ④ | |
| ⑤ | 슬릿을 차단했을 때 $I=$ [mA]<br>슬릿을 차단하지 않았을 때 $I=$ [mA] |

## 3. 실험결과에 대한 토의

## 4. 실험보고서 작성

## 5. 정리정돈

| 실습 과제명 | 1-5 LED 광특성 측정실험 |
|---|---|
| 목 표 | ① LED의 광특성을 측정할 수 있다.<br>② 스펙트로미터(spectrometer)를 운용할 수 있다. |

| 장비 및 공구 | 소요재료 | 규격 | 수량 | 안전 및 유의사항 |
|---|---|---|---|---|
| 스펙트로미터 | 고휘도 LED | SHE114RC | 10개 | ① 계측기 본체, 배럴, 광파이버, 측정용 지그에 무리한 힘이나 충격이 가해지지 않도록 주의한다.<br>② 광파이버와 본체의 연결부분은 개봉하지 않는다.<br>③ LED 전류원 포트에 10[V] 이상의 외부 전압을 걸지 않도록 한다. |

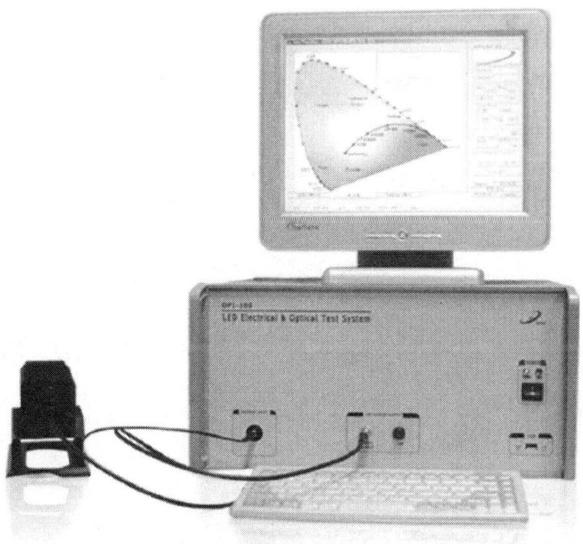


[그림 1-41] LED 측정기

## 관계지식

광측정은 복사측정과 광측정으로 구분된다. 복사측정은 빛의 물리적 에너지량을 측정하고, 광측정은 빛의 물리적 에너지량 중에 사람의 눈이 느끼는 빛만을 고려하여 그 에너지량을 측정한다.

### 1. 광측정의 3가지 영역

| 구 분 | 밝은 빛 시감 | 어두운 빛 시감 | 희미한 빛 시감 |
|---|---|---|---|
| 파장범위 | 360[nm]~830[nm] | 380[nm]~780[nm] | |
| 시험환경 | 대낮과 같은 아주 밝은 상황에서 느끼는 시감 | 암실과 같은 아주 어두운 상황에서 느끼는 시감 | 해가 지는 시간에서 느끼는 시감 |
| 광수용체 | 원추체 | 간상체 | 원추체, 간상체 |

### 2. 광학용어(단위)

광원에 관련된 용어를 정의하면 다음과 같다.

#### (1) 광 원

태양이나 전등과 같이 빛을 발산하는 물체로서 1점으로 된 광원(luminous source)을 점광원이라 한다.

#### (2) 광 도

모든 방향으로 광속이 발산되고 있는 점광원에서 어떤 방향의 광도(luminous intensity)라 함은 그 방향의 단위입체각에 포함되는 광속수, 즉 발산광속의 입체각 밀도를 말하며, 단위로는 칸델라(Candela, [cd])를 사용한다.

칸델라(1cd)는 백금이 녹는점에서 $1cm^2$당 흑체가 내는 광도의 1/60이며, 1.018[cd]가 1촉에 해당한다.

### (3) 휘 도

광원을 보면 그 면이 빛나 보이며 비추어져 있는 면을 보거나 반투명의 것을 반대측에서 보아도 밝게 보인다. 이러한 광원의 빛나는 정도를 휘도(brightness)라 하며, 광원의 투영면적에 따라 달라진다.

어떤 광원에 대한 일정 방향의 휘도는 광원을 그 방향에서 바라본 투영면적당의 광도라 하고, 단위는 $[cd/m^2]$와 $[cd/cm^2]$를 사용한다. 휘도의 단위는 스틸브(stilb, [sb]) 및 니트(nit, [nt])가 사용된다. $1[sb]=1[cd/cm^2]$, $1[nit]=1[cd/]m^2]$

### (4) 광 속

복사속 중에서 사람의 눈에 빛의 느낌을 주는 것은 일정한 범위의 파장이다. 가시범위의 복사속을 시각에 의해서 측정한 양을 광속(luminous flux)이라 한다. 광속은 광원으로부터 나오는 복사속을 눈으로 보아 빛으로 느끼는 크기를 나타낸 것으로, 단위는 루멘(1 lumen[lm])를 사용한다.

### (5) 조 도

어떤 물체에 광속이 입사되면 그 면은 밝게 빛나게 되는데, 그 밝은 정도를 조도(조명도 : intensity of illumination)라 한다.

미소면의 미소면적 $d_A[m^2]$에 투사되는 광속이 $d_F$[1m], 그 미소면의 조도 $E$는 $E=d_F/d_A$[1x]이다. 조도의 단위는 럭스(lux, [1x])이며, 이것은 $1[m^2]$에 1[lm]의 광속이 투사되고 있는 때의 조도이다.

**〈표 1-14〉 LED광 측정항목 기호표**

<table>
<tr><th>양</th><th>기호</th><th>단 위</th><th>설 명</th></tr>
<tr><td>복사선속</td><td>Φe</td><td>[W]</td><td>입사된 빛의 단위시간당의 에너지</td></tr>
<tr><td>분광복사선속</td><td>Φe, λ</td><td>[W/m]</td><td>임의의 파장에서의 복사선속의 양</td></tr>
<tr><td>광선속</td><td>ΦV</td><td>[lm]</td><td></td></tr>
<tr><td>복사도</td><td>Ie</td><td>[W/s]</td><td rowspan="2">1cd(candela) : 540×10$^{12}$[Hz] 단색광의 매초당 1/683[W]일 때 이 방향에 대한 광도</td></tr>
<tr><td>광도</td><td>Iv</td><td>[cd]=[lm/s]</td></tr>
<tr><td>복사휘도</td><td>Le</td><td>[W/s · m$^2$]</td><td rowspan="2"></td></tr>
<tr><td>광휘도</td><td>Lv</td><td>[cd/m$^2$]</td></tr>
<tr><td>복사조도</td><td>Ee</td><td>[W/m$^2$]</td><td></td></tr>
<tr><td>조명도</td><td>Ev</td><td>[lx]=[lm/m$^2$]</td><td>주어진 면상의 점을 포함하는 미소면 요소에 입사하는 광선속</td></tr>
<tr><td>복사출사도</td><td>Me</td><td>[W/m$^2$]</td><td></td></tr>
<tr><td>광출사도</td><td>Mv</td><td>[lm/v]</td><td></td></tr>
</table>

## 3. 광측정

### (1) 조명도계

조명도계(illuminance meter)는 일반적으로 수광부와 표시부로 나누며, 수광부는 조도 측정 기준면으로 광검출기(Si 포토 다이오드, PMT 등), 시감필터([V](λ)필터), 확산필터(diffuser) 등으로 구성된다. 표시부는 측정된 조명도값이 측정자가 인지할 수 있도록 표시하는 장치로서 아날로그(analog)형과 디지털(digital)형이 있다.

**[그림 1-42] 조명도계**

## (2) 조명도

조명도(Illuminance)란 주어진 면상의 점을 포함하는 미소면 요소에 입사하는 광선속(luminous flux)을 그 미소면 요소의 면적으로 나눈 값이며, 기호는 $E_V$, 단위는 럭스([lx])이다.

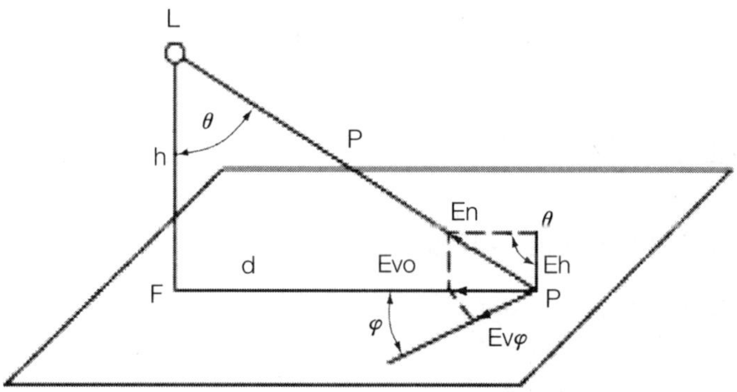


※En : 변선조, Eh : 수평면 조도, Evo : 연직면 조도

$E_V$[lux = lm/m²] : 빛의 방향에 수직인 단위면적에 대한 단위시간당 시각적인 에너지

### (3) 광 도

① 광도(luminous Intensity)란 LED를 어떤 정해진 방향으로 어떤 면에서 방사되는 빛의 단위면적당 광속을 말한다. 칸델라[cd], 루멘/스테라디안[lm/Sr] 단위를 사용한다.

② 광도는 각 발광 파장에 맞추어 조정된 필터를 가진 단위면적의 포토 셀(photo cell)로 LED에서 방사된 빛의 강도를 계측한다.

※ 1[cd] : [cd] 단위는 캔들(candle)에서 유래된 것으로 통상 촛불 1개의 밝기로 정의한다.

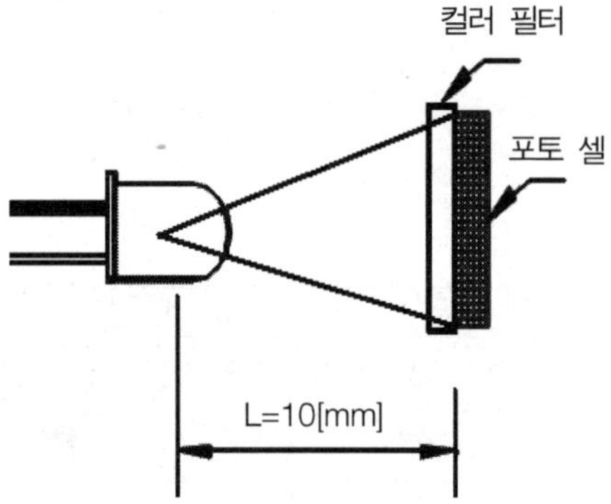


**[그림 1-43] LED 밝기 측정**

### (4) 광복사조도 측정

① 광원의 파장변화에 따른 분광분포의 정도

② 파장에 따른 복사조도, 즉 파장당 입사되는 복사조도의 양

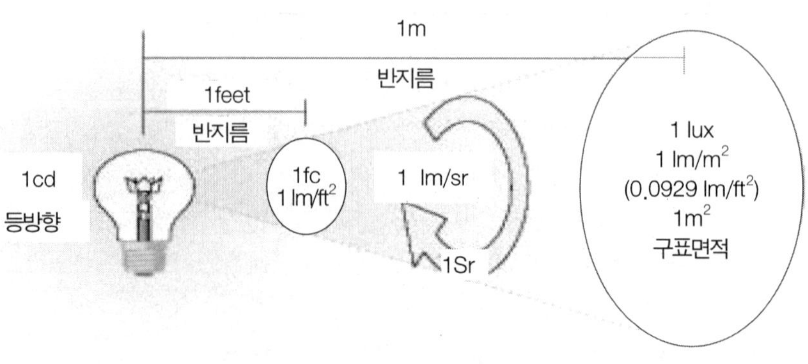

## (5) 광도 측정

① 정해진 복사방향을 광축과 일치

② 거리 역자승 법칙이 성립되는 충분한 거리에서 조명도 측정

③ 측정된 조명도에 거리의 제곱을 곱한 값이 광도가 된다.

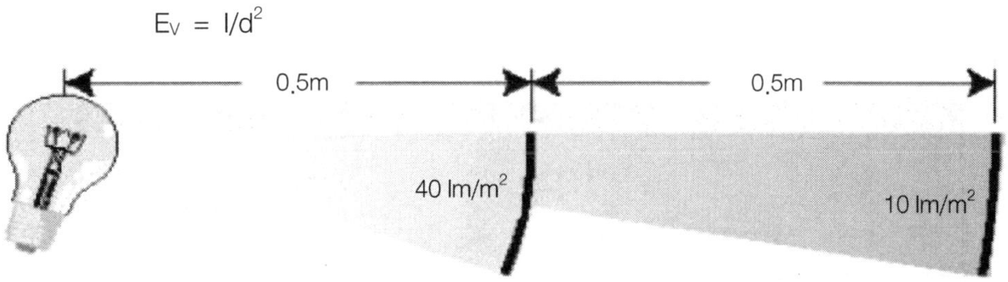

## • 실습순서 •

# 1. 스펙트로미터 사용법

## (1) 각부의 명칭

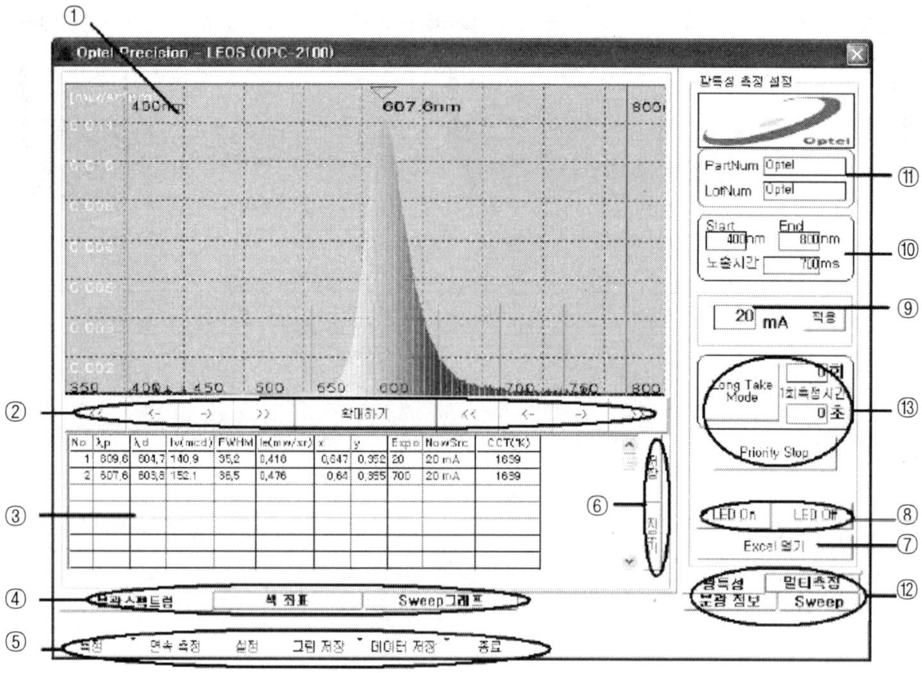

[그림 1-44] 각부의 명칭

① 신호(스펙트럼 · 색좌표 등) 출력 윈도우

② 측정범위 설정 및 확대 버튼

③ 측정결과 저장 테이블

④ 출력모드 선택 버튼

⑤ 기능 버튼들

⑥ 측정결과 저장 또는 지우기 버튼

⑦ 엑셀(excel) 파일에 데이터 저장 버튼

⑧ 전류 on/off 선택 버튼

⑨ 전류원 크기 지정 Easy 모드

⑩ 측정범위 설정 및 노출시간 조절 버튼

⑪ Part 번호와 Lot 번호 설정

⑫ 측정 정보 탭장치 전원 on/프로그램 실행

⑬ LED의 안정화 시간/Life time을 측정하는 용도의 Long Take Mode

## (2) 측정 및 설정 방법

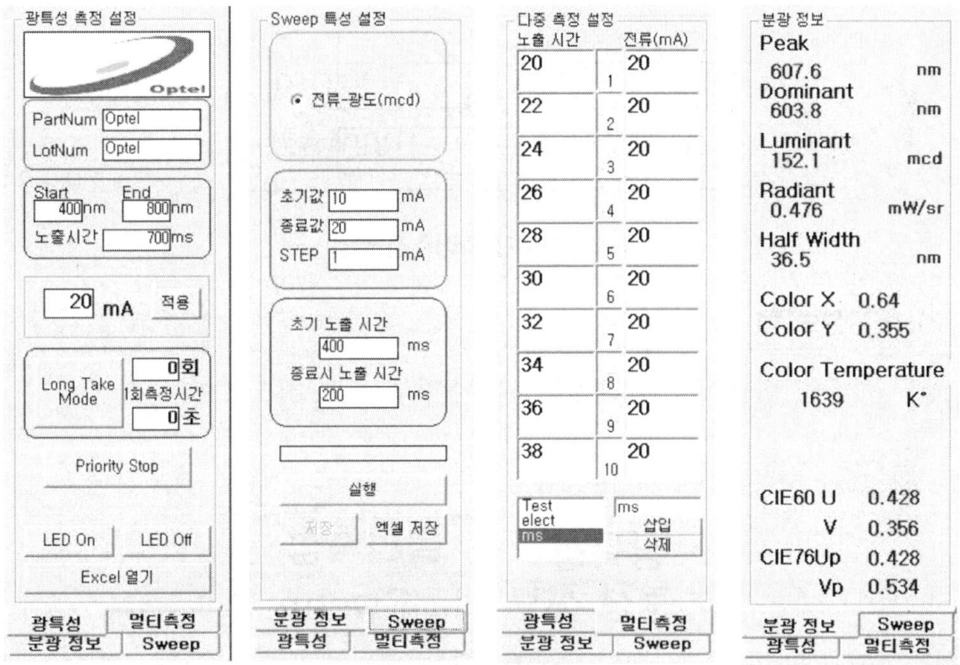


**[그림 1-45] 측정 · 설정**

### 1) 전류원 크기 지정

측정 샘플의 인가전류를 1[mA]~250[mA]까지 인가할 수 있다.

전류값을 직접 입력하고 적용 버튼을 누른 후 기능 버튼들 중 '측정' 버튼을 누르면 된다.

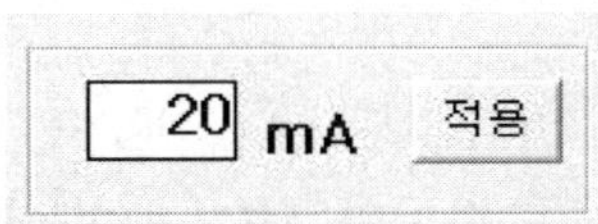


**[그림 1-46] 전류크기 지정**

### 2) 파장측정 설정

측정 범위와 광원의 노출 정도를 직접 입력한다.

'Start'는 신호범위의 시작을, 'End'는 신호범위의 끝을 의미한다. '노출시간'은 광원의 노출시간을 지정한다. 노출시간이 너무 짧으면 신호가 너무 미약하여 잘 보이지 않게 되고, 너무 길면 신호가 포화되어 일그러져 나타난다. 광원의 종류와 전류원의 크기에 따라 노출시간값이 달라질 수 있다.

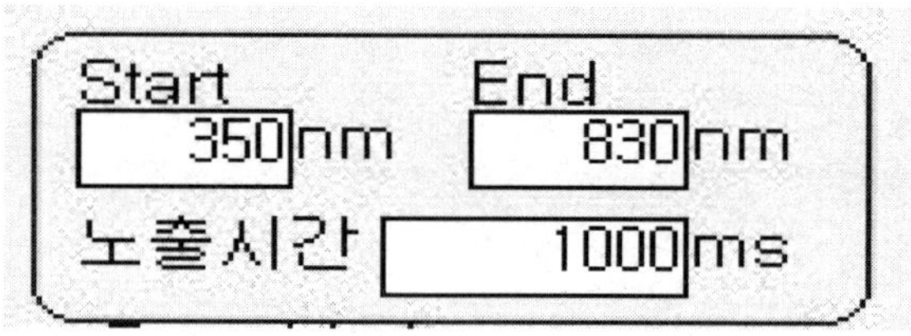


**[그림 1-47] 파장측정 설정**

### 3) 측정정보 탭

광원 측정을 위한 조건을 설정하는 탭이다.

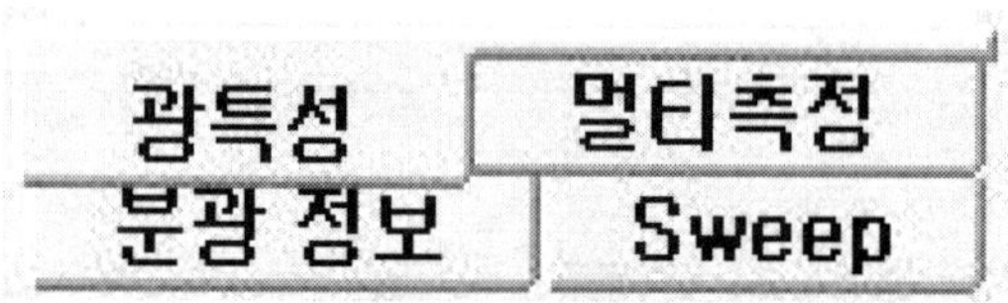


**[그림 1-48] 측정정보 탭**

#### ① 광특성 설정 탭

Part Num, 측정범위 설정, 광원 노출시간이나 전류원의 크기 등을 지정하기 위한 항목이다.

#### ② Sweep 탭

I-L Sweep 그래프 측정시 선택한다.

초기값과 종료값에 따른 전류를 선택하고 Step을 지정하신 후 초기 노출시간과 종료시 노출시간을 지정하여 측정하면 된다. 이때 전류에 따른 노출시간을 적절히 지정해주어야 한다(Step 설정시 최소 1[mA] 단위로 지정을 하여야 한다).

Sweep 탭 선택시 '출력모드 선택 버튼'에서 Sweep VIEW를 선택하여 실행하여야 한다.

### ③ 멀티 측정 탭

다양한 측정조건을 지정하여 측정하기 위한 조건값들을 지정하는 항목이다. 노출시간에 따른 전류를 지정하고, 각 항목을 선택하여 측정하면 된다. 멀티 측정시는 설정에서 '멀티 측정'을 선택하고 확인 후 '연속 측정' 버튼을 누르면 측정이 시작된다.

### ④ 분광정보 탭

측정된 결과를 보여주는 출력되는 항목들은 Peak(최대치), Dominant(주파장), Luminant(광도), Radiant(복사도), Half Width(신호의 절반 폭), Color X(색좌표 X값), Color Y(색좌표 Y값), CIE60 좌표의 U, V 좌표값, CIE76 좌표의 Up, Vp 좌표값 등이다.

### ⑤ Long Take Mode

LED에 전원을 원하는 시간만큼 인가하고 측정회수를 지정하여 측정하는 기능이다(1회 측정/초).

LED에 전원을 인가할 시간과 1회 측정시간 아래에 있는 [ ]초 부분에 입력한다. 측정할 횟수를 [ ]회 부분에 입력하고, Long Take Mode 버튼을 눌러주면 아래의 Progress 바가 늘어나면서 지금까지 지나온 횟수의 퍼센트를 알려준다. 이 기능은 LED의 안정화 시간과 LED의 Life Time을 측정하는 데 사용되며, 모드가 동작되는 도중에 Stop 버튼을 누르면 동작이 멈춘다.

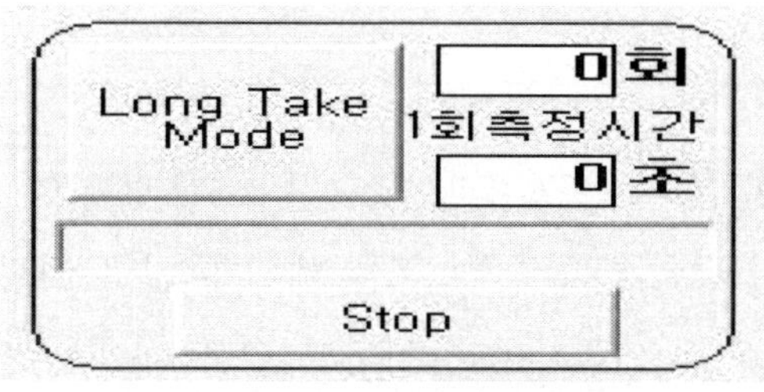


**[그림 1-49]** Long Take Mode

### (3) 기능 버튼의 사용법

| 측정 ▼ | 연속 측정 | 설정 | 그림 저장 ▼ | 데이터 저장 | 종료 |
|---|---|---|---|---|---|

**[그림 1-50] 기능 버튼**

#### 1) 측 정

기본측정을 위한 버튼이다. 측정을 위한 기본 세팅을 마친 후 버튼을 클릭하면 측정이 된다.

#### 2) 연속 측정

연속 측정과 멀티 측정 같은 측정조건에 대한 연속 측정과 여러 가지 측정조건을 설정하여 측정하는 멀티 측정시 사용되는 버튼이다.

**① 같은 측정조건 연속 측정시**

측정을 위한 세팅을 마친 후 '연속 측정' 버튼을 클릭하면 연속적인 측정이 이루어지며, 측정결과는 측정결과 테이블에 저장된다.

**② 여러 측정조건 멀티 측정시**

설정 버튼의 측정방식에서 '멀티 측정'을 선택 후 측정시는 연속 측정 버튼을 선택하면 된다.

- 측정할 항목의 개수만큼 측정번호를 선택
- 광원 노출시간과 전류원의 크기를 각각 지정
- 기능 버튼의 '설정'에서 '멀티 측정'을 설정
- '연속 측정'을 선택-측정 시작

이상의 순서에 의한 멀티 측정결과는 [그림 1-51]과 같다. 멀티 측정결과는 측정결과 테이블에 저장되며, TXT 파일 또는 엑셀 파일로 저장이 가능하다. 측정된 결과들 중 각각의 경우를 선택하여 확인하고 싶을 때에는 필요한 측정번호를 제외한 나머지 번호들을 해제하면 된다.

- 설정 : 연속 측정 모드와 측정 모드, 광도 Gain 등을 설정하는 부분이다.
- 측정방식 : '단일 측정'과 여러 가지 측정 조건을 설정하여 측정하는 '멀티 측정' 항목으로 나뉘어져 있다.
- 측정조건 : LED를 CIE127 Condition B 규격에 따라 측정시 배럴을 사용하고, 측정시간의 효율성을 위해 광원 휘도에 따라 고휘도 · 저휘도용 배럴로 나누어진다.
- Gain : 광도 Gain을 위한 수치를 설정하는 곳이다. 제품 설치시 설정되어 있다.

  ※ **주의** : 사용자가 임의로 변경시 측정값의 정확도를 보증할 수 없으므로 주의가 필요하다(프로그램 재실행시 초기 설정값으로 변환된다).

- 오류 메시지 : 측정시 Exposure Time에 따른 측정값의 에러 메시지를 조절할 수 있다.
- 평균 표본수 : 측정회수를 입력하여 입력한 수에 따라 평균값을 측정값으로 표현한다.

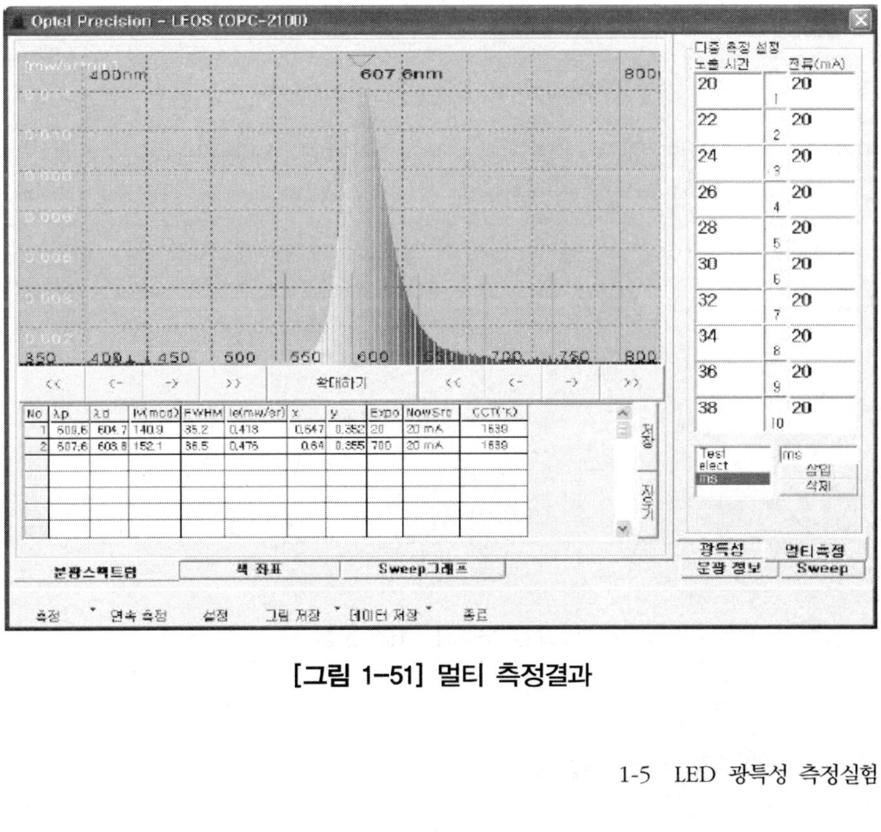

[그림 1-51] 멀티 측정결과

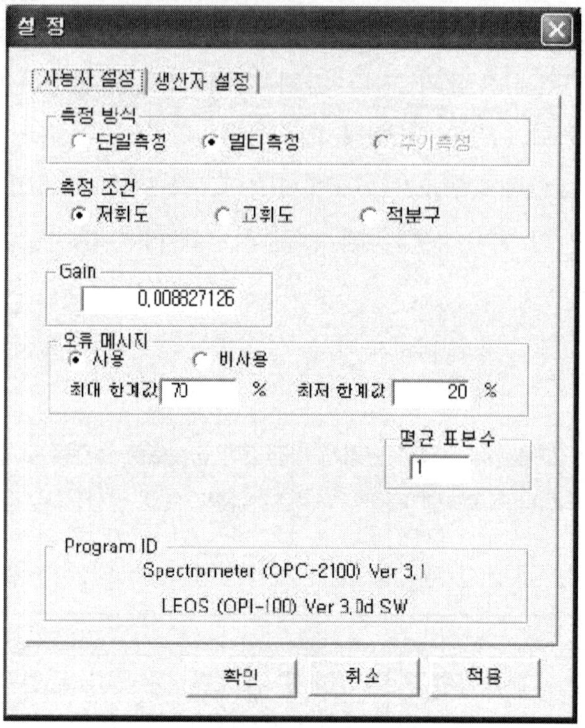


**[그림 1-52] 사용자 설정**

### 3) 그림 저장

신호출력 윈도우 화면을 저장하기 위한 버튼이다.

Signal Source : Spectrum, Color Cord는 색좌표, Capture는 측정화면 전체, Sweep는 Sweep 측정 그래프를 저장할 수 있다. 대화상자가 나타나면 그림 파일명을 지정해주고 '저장'을 누르면 그림이 저장된다. 이때 저장되는 파일 포맷이 Windows bitmap(BMP) 타입이다.

스펙트럼
색좌표
화면 캡처
스윕 모드

**[그림 1-53] 그림 설정**

#### 4) 데이터 저장

측정결과 데이터를 저장하거나 불러오기 위한 기능들과 측정결과를 엑셀 파일 포맷으로 저장하기 위한 기능들이 있다(엑셀 저장은 분광 데이터에 대한 저장이다).

#### 5) 종 료

프로그램을 종료한다.

### (4) 배럴 사용법

일반적인 램프 등의 광원을 측정하기 위해서 측정대상 광원과 본 OPC-2100 분광분석기가 준비되어야 하며, LED를 대상으로 한 측정이라면 [그림 1-54]와 같은 배럴이 필요하다. 이는 LED의 휘도에 따라 저휘도용과 고휘도용으로 나누어진다.

배럴의 기본적인 구조는 다음과 같다.

① 광원의 스펙트럼을 측정하기 위한 광파이버이다.

② LED를 장착하기 위한 어댑터(adapter)로 LED 타입에 따라 램프 형태의 LED와 Chip 형태(SMD type)의 LED를 장착하기 위한 두 종류의 어댑터가 있다.

**[그림 1-54] LED 측정용 배럴**

## (5) LED 종류별 특성측정 예

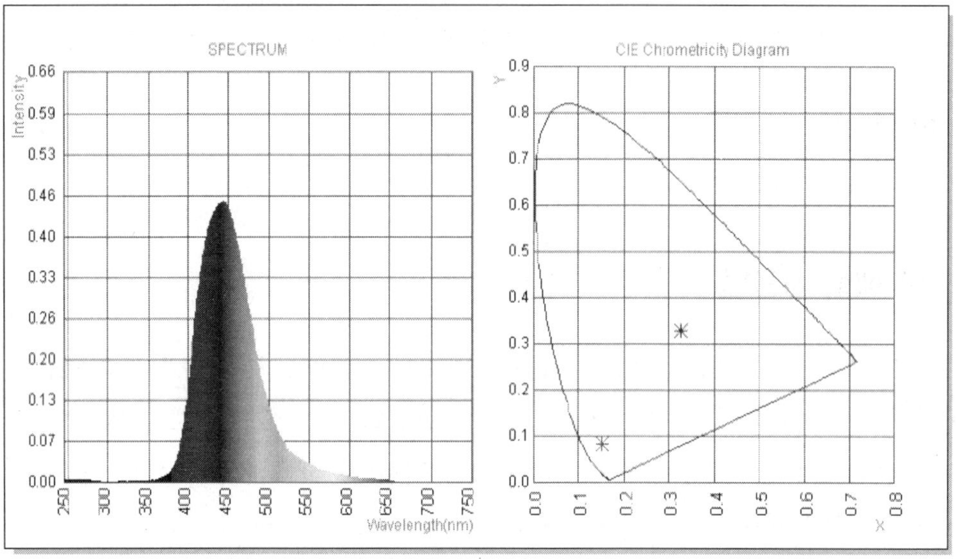


[그림 1-55] Blue LED

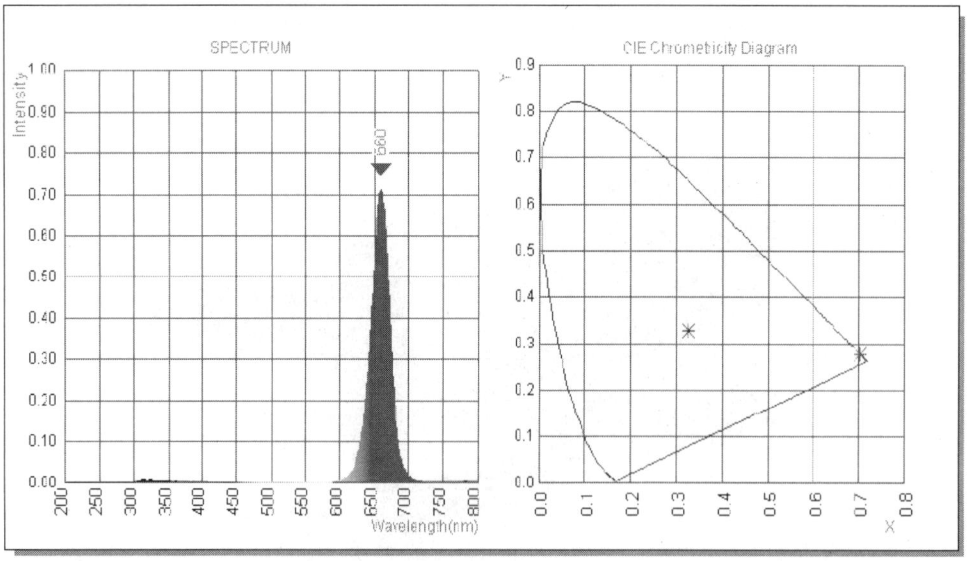


[그림 1-56] Red LED

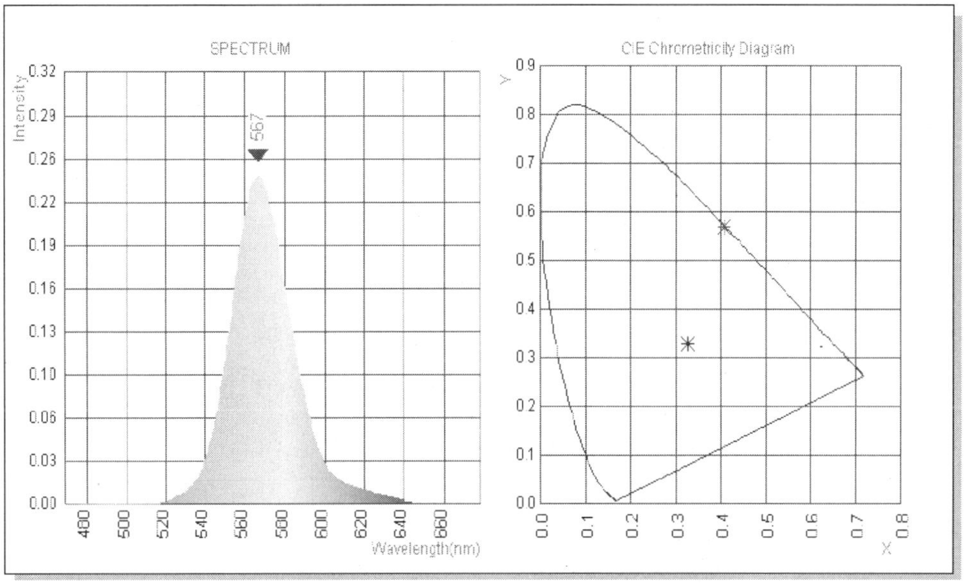


**[그림 1-57]** Yellow-Green LED

## 2. 램프형 LED 측정

### (1) Red LED 측정

① 스펙트로미터(spectrometer)를 준비하고 확인한다.

② 측정하고 하는 LED를 준비한다.

③ 어댑터에 LED를 장착한다.

- 램프형 LED를 측정하기 위해서는 [그림 1-58]과 같이 배럴과 같이 제공되는 어댑터에 LED를 장착한다.

**[그림 1-58]** 어댑터에 LED를 장착

- 어댑터에 LED를 장착하고, 샘플과 어댑터의 높이를 맞추어 고정 후 다시 배럴에 어댑터를 장착한다.
- 어댑터에 LED을 장착한 후 [그림 1-59]와 같이 어댑터의 옆쪽에 붙어 있는 나사를 돌려 LED의 앞부분과 어댑터의 높이를 맞춘다. 측정하기 위해 배럴에 어댑터를 결합한다.

**[그림 1-59] 배럴에 어댑터 장착**

④ 측정 : 어댑터 장착 후 LED에 인가될 전류원의 크기를 확인하고 '측정' 버튼을 눌러 측정하면 된다.

⑤ 측정시 노출시간 설정 : 측정단추를 눌러 측정을 시작한다. 측정 후 스펙트럼 그래프가 그리드(grid)의 2칸 이상으로 나오도록 적당한 노출시간값을 입력한다. 노출시간 설정시 측정 LED의 광도가 높을수록 노출시간 입력값을 작게 하고, 광도가 낮을수록 노출시간에 높은 값을 입력한다.

⑥ 결과 데이터 확인 및 저장 : 측정이 진행되면 LED의 스펙트럼 화면에 표시되면서 측정이 완료된다. 측정결과를 확인하고 그림 · 파일 저장 버튼을 눌러 데이터를 저장한다.

### (2) Blue LED 측정

위의 ①~⑥의 과정을 반복한다.

### (3) Yellow-green LED 측정

앞의 ①~⑥의 과정을 반복한다.

## 3. 실험결과에 대한 토의

## 4. 실험보고서 작성

## 5. 정리정돈

# 제 2 장

# 소자의 구동회로 실험실습

### 실험목표

- LED의 특성을 알고, 구동회로를 구성할 수 있다.
- 포토 다이오드의 특성을 알고, 구동회로를 구성할 수 있다.
- 포토 트랜지스터의 특성을 알고, 구동회로를 구성할 수 있다.
- 포토 커플러의 특성을 알고, 구동회로를 구성할 수 있다.
- 하이 파워 LED의 특성을 알고, 구동회로를 구성할 수 있다.
- 7-세그먼트 LED의 특성을 알고, 구동회로를 구성할 수 있다.

### 실험과제

2-1 LED 구동회로
2-2 포토 다이오드 구동회로
2-3 포토 트랜지스터 구동회로
2-4 포토 커플러 구동회로
2-5 하이 파워 LED 구동회로
2-6 7-세그먼트 LED 구동회로

| 실습 과제명 | 2-1 LED 구동회로 | | | |
|---|---|---|---|---|
| 목 표 | ① LED의 특성을 알고 구동회로를 구성한다.<br>② LED 구동회로를 설계할 수 있다.<br>③ LED의 각종 특성을 측정하고, 적절하게 활용할 수 있다. | | | |
| **장비 및 공구** | **소요재료** | **규격** | **수량** | **안전 및 유의사항** |
| －오실로스코프<br>－LED 특성측정기<br>－브레드보드<br>－직류전원장치<br>－디지털 조도계<br>－디지털 VM<br>－회로시험기<br>－마이크로스코프 | LED 적·녹<br>IC<br><br>TR<br>FET<br>저항<br>콘덴서 | 5ϕ<br>HV9910<br>SN7400<br>C1815<br>C-MOS<br>1[kΩ]<br>0.47[μF] | 10<br>1<br>1<br>1<br>1<br>3<br>1 | ① 장비 사용법을 익혀 부상과 장비 파손에 주의한다.<br>② 반도체 소자의 핀번호를 바르게 사용하여 손상이 없도록 한다.<br>③ DC 및 AC 전원을 바르게 연결하여 재료가 파손되지 않도록 한다.<br>④ 감전 등 안전에 주의한다. |

[그림 2-1] 여러 가지 발광색의 LED

## 관계지식

LED를 구동하는 방법은 직류전원을 공급하여 구동하는 방법과 교류전원으로 구동하는 방법, LED를 직렬접속하여 구동하는 방법과 병렬접속하여 구동하는 방법, 트랜지스터에 의한 구동법, TTL IC나 CMOS IC를 이용하여 구동하는 방법, LED 드라이브용 전용 IC를 이용하는 법 등 매우 다양한 방법이 있으며, 필요에 따라 적절한 방법을 선택하여 사용할 수 있다.

### 1. 직렬 구동과 병렬 구동

개개의 LED에 일정한 전류가 흐르도록 안정화 저항($R$)을 넣는다.

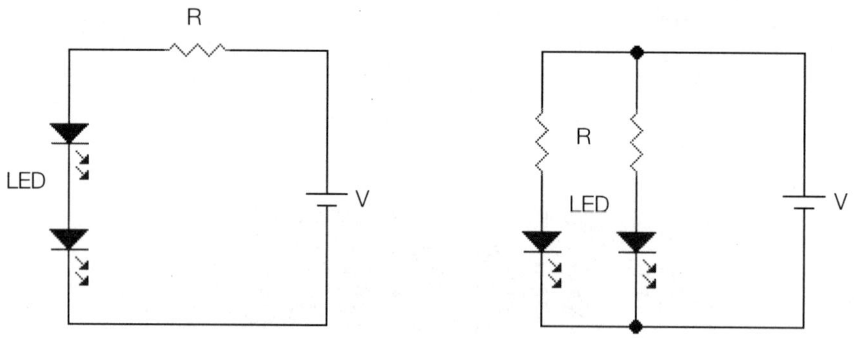


**[그림 2-2] 직렬 구동과 병렬 구동**

LED의 발광 세기는 전류에 의한다. 이상적으로 밝기를 조절하는 최선의 방법은 LED를 전류원으로 구동하는 것이다. 두번째로 높은 공급전압과 큰 직렬저항을 이용하는 방법이다. 즉, [그림 2-3]과 같은 구동회로에서 LED에 흐르는 전류는 다음 식과 같이 구할 수 있다.

$$I = \frac{V - V_d}{R} \text{ [A]}$$

여기서 $V_d$는 LED 양단의 전압강하이다.

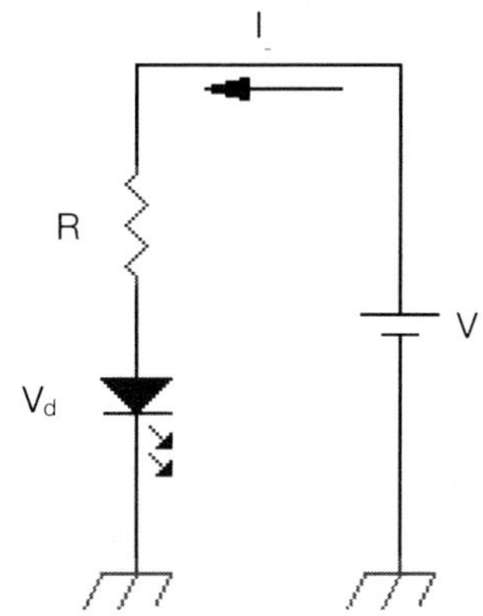


**[그림 2-3] LED의 전류**

LED 구동회로에서 전원전압이 클수록 LED 양단의 전압강하로 인한 영향을 적게 받으며, 전원전압의 값이 크면 LED 양단의 전압변화를 무시할 수 있다. 예를 들면 TIL222는 약 25[mA]의 전류에 대하여 1.8[V]의 최소 전압강하와 3[V]의 최대 전압강하를 갖는 녹색 LED이다. 20[V] 전원과 750[Ω]의 저항을 갖는 회로에서 이 LED를 구동시키면 전류는 22.7[mA]에서 24.3[mA]까지 변화하므로 모든 TIL222에 대하여 똑같은 밝기로 구동된다.

또 5[V] 전원과 120[Ω]의 저항을 이용하여 설계한다면 전류는 약 16.7[mA]에서 26.7[mA]까지 변화하므로 LED의 밝기는 크게 변화하므로 LED를 일정한 밝기로 구동하려면 가능한 한 높은 전압과 큰 직렬저항을 이용하여야 한다.

## 2. 교류 구동

[그림 2-4]와 같이 교류전압을 직접 LED 구동전원으로 사용할 경우 LED 역전압의 정격을 넘지 않도록 보호 다이오드($D$)를 직렬, 혹은 병렬로 삽입하고 전류 제어용 안정화 저항($R$)을 넣는다.

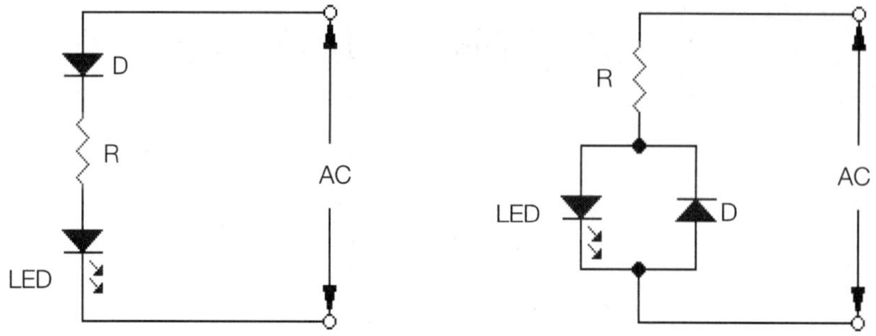


**[그림 2-4] 교류 구동**

AC 110[V]의 교류전원으로 LED를 구동하고자 할 때는 [그림 2-5]와 같이 보호 다이오드를 병렬로 접속하여 사용하거나 LED를 1개는 순방향, 나머지 1개는 역방향으로 병렬접속하여 사용한다.

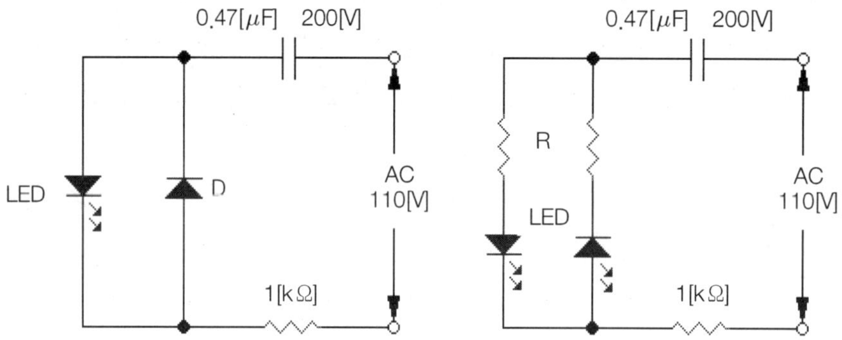


**[그림 2-5] AC 110[V] 구동회로**

## 3. 펄스 구동

LED를 구동하는 방식으로 [그림 2-6]의 펄스 구동방식(다이내믹 구동 : dynamic drive)이 있다. 다이내믹 구동의 장점은 적은 수의 포트(port)로 많은 LED를 이용한 표시를 제어할 수 있다는 것이다. 이 방식은 사람 눈의 잔상효과를 이용한 것으로 LED의 조합으로 이루어진 매트릭스(matrix) LED의 구동이나 많은 양의 LED를 구동할 경우 많이 이용하게 된다.

펄스 구동의 경우 LED가 점등하고 있는 시간을 직류 구동의 1/2로 하고, 직류 구동시보다 2배의 펄스전류를 인가하면 시각적으로는 밝기가 동일하게 나타난다.

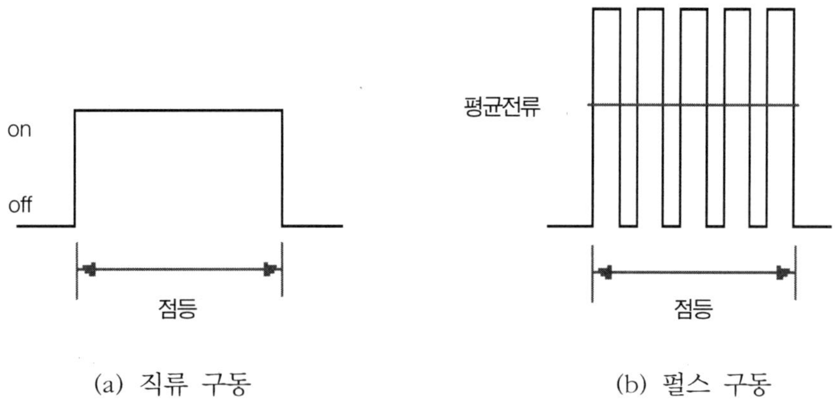


**[그림 2-6] 펄스 구동 원리**

## 4. 트랜지스터 구동

LED에 흐르는 전류를 크게 하거나 제어할 목적으로 트랜지스터 구동회로를 사용한다. 이 경우는 [그림 2-7]과 같이 트랜지스터가 on과 off 어느 쪽에서 LED를 점등할 것인지에 따라 Pull-Up 회로를 사용할 것인지 Pull-Down 회로를 사용할 것인지 선택하여야 한다.

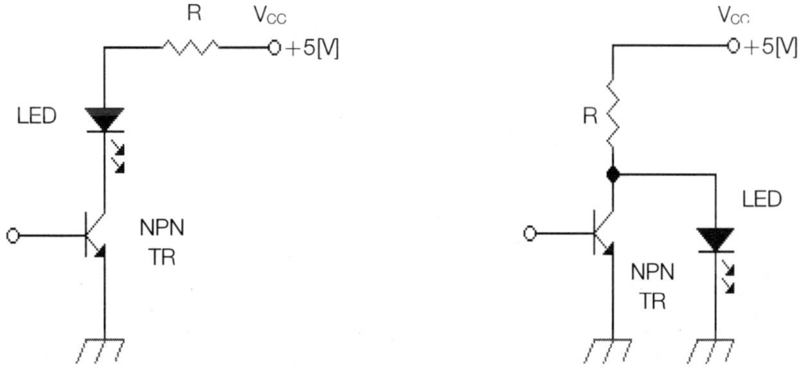


**[그림 2-7] 트랜지스터 구동회로**

## 5. TTL IC 구동

[그림 2-8]과 같은 TTL IC에 의한 구동은 L레벨과 H레벨 어느 쪽에서 LED를 점등할 것인지에 따라 트랜지스터 구동회로에서와 같이 Pull-Up 회로를 사용할 것인지 Pull-Down 회로를 사용할 것인지 선택하여야 한다.

**[그림 2-8]** TTL IC 구동

## 6. CMOS IC 구동

CMOS IC 출력단에 트랜지스터 구동회로를 부가한 회로로서 [그림 2-9]와 같다.

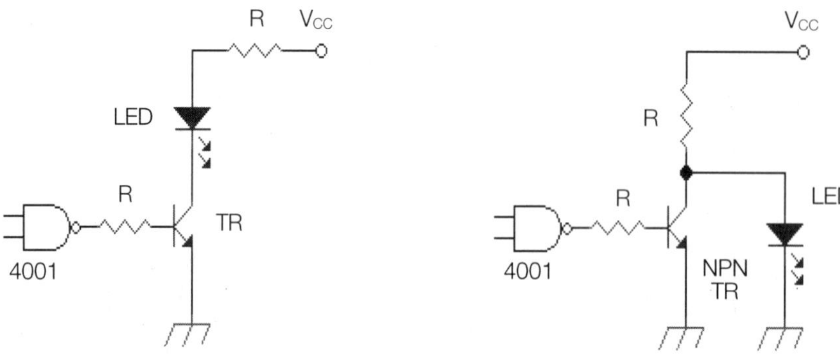


**[그림 2-9]** CMOS IC 구동

CMOS IC의 출력상태가 H레벨과 L레벨 어느 쪽에서 LED를 점등할 것인지에 따라 출력 측에 트랜지스터 구동회로를 선택하여 부가한다.

## 7. LED 드라이브 전용 IC

최근 LED가 조명, 백라이트, 대체 광원 등 여러 분야에 활용됨으로써 LED를 용도에 맞게 구동할 수 있는 드라이브 전용 IC가 여러 제조사에서 다양하게 개발 보급되고 있다.

예를 들면 슈퍼텍스(Supertex)사에서 보급하고 있는 Supertex LED Driver IC의 경우 [그림 2-10]과 같이 HV9910은 고휘도 LED 드라이버로서 사용전원은 직류·교류 겸용으로 DC 8~450[V] 및 AC 85~255[V]로 사용 가능하다. 물론 정전류 구동회로가 내장되고, 특별한 보정 없이 간편하게 사용할 수 있다. 또 Hysteric Boost-Buck LED Driver로서 HV9930, Switch Mode LED Driver로서 HV9921/22가 있다.

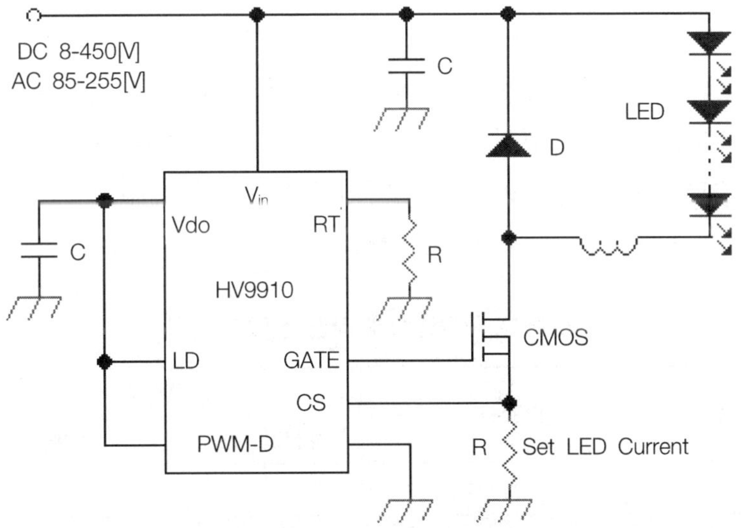


**[그림 2-10] LED 드라이브 전용 IC**

● 실습순서 ●

## 1. 직류 및 교류 구동회로 실험

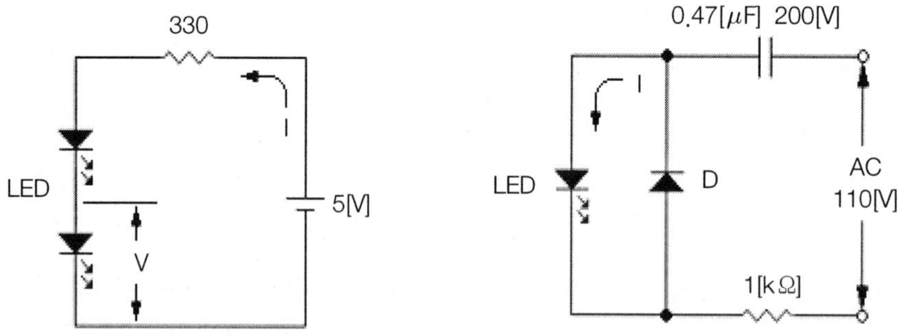


(a) 직류 구동회로 (b) 교류 구동회로

**[그림 2-11] LED 구동회로**

① [그림 2-11](a)와 같이 직류 구동회로를 구성하고, LED 양단에서 강하되는 전압($V$) 및 회로의 전류($I$)를 측정하여 〈표 2-1〉에 기록한다.

② [그림 2-11](b)와 같이 교류 구동회로를 구성하고, LED 양단에서 강하되는 전압($V$) 및 회로의 전류($I$)를 측정하여 〈표 2-1〉에 기록한다.

③ [그림 2-11](a)의 직류전원 대신 구동전원으로 함수발생기의 출력을 1[kHz], 5[$V_{p-p}$]로 하여 공급하고, LED 양단에서 강하되는 전압($V$) 및 회로의 전류($I$)를 측정하여 〈표 2-1〉에 기록한다.

**〈표 2-1〉 구동방식에 따른 전압과 전류**

| 구동방법 | 전압강하 | 전 류 | |
|---|---|---|---|
| | | 측정값 | 계산값 |
| 직류 구동 | [V] | | |
| 교류 구동 | [V] | | |
| 펄스 구동 | [V] | | |

## 2. 트랜지스터 구동회로 실험

① [그림 2-7]과 같이 LED가 TR이 on 혹은 off될 때 각각 점등하는 트랜지스터 구동회로를 구성하고, 회로의 전압 및 전류를 측정하여 〈표 2-2〉에 기록한다.

**〈표 2-2〉 트랜지스터 구동회로의 전압과 전류**

| 구동방법 | 전 압 | | LED 전류 | |
|---|---|---|---|---|
| | $V_{ce}$ | LED 양단 | 측정값 | 계산값 |
| TR on | [V] | [V] | | |
| TR off | [V] | [V] | | |

② [그림 2-12]와 같이 비안정 멀티바이브레이터를 이용한 LED 구동회로를 구성하여 LED의 점멸상태를 확인하고, 저항 22[kΩ]과 커패시터 47[μF]을 각각 2[kΩ]과 0.1[μF]으로 교체한 후 $Q_1$과 $Q_2$의 컬렉터측 파형을 오실로스코프로 측정하여 색이 다른 필기구로 그린다.

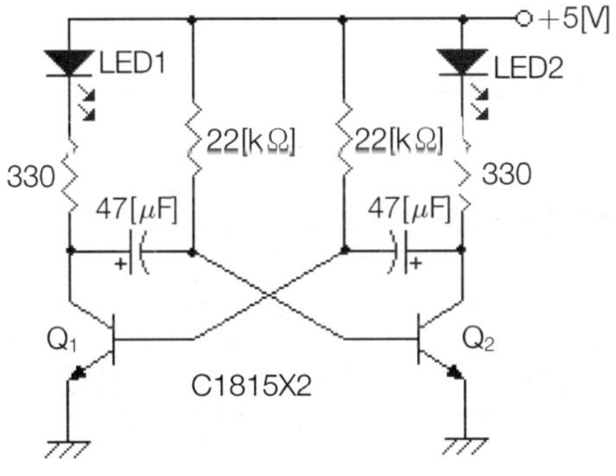


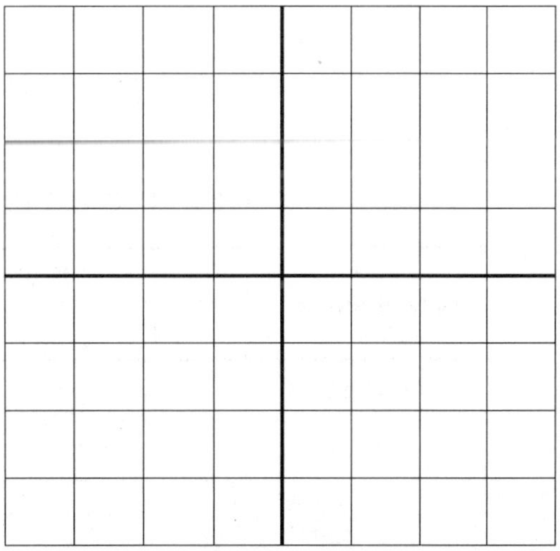

**[그림 2-12] 비안정 멀티바이브레이터**

## 3. CMOS IC 구동회로 실험

① [그림 2-9]와 같이 CMOS IC 출력단에 트랜지스터 구동회로를 부가한 회로를 구성하고, 회로의 전압 및 전류를 측정하여 〈표 2-3〉에 기록한다.

② [그림 2-13]과 같이 타이머 IC회로를 이용한 LED 구동회로를 구성하고 VR을 조정하여 LED의 점멸상태를 육안으로 확인하고, 점멸주기를 가장 빠르게 조정한 후 IC 3번 핀의 파형을 오실로스코프로 측정하여 그래프에 그린다.

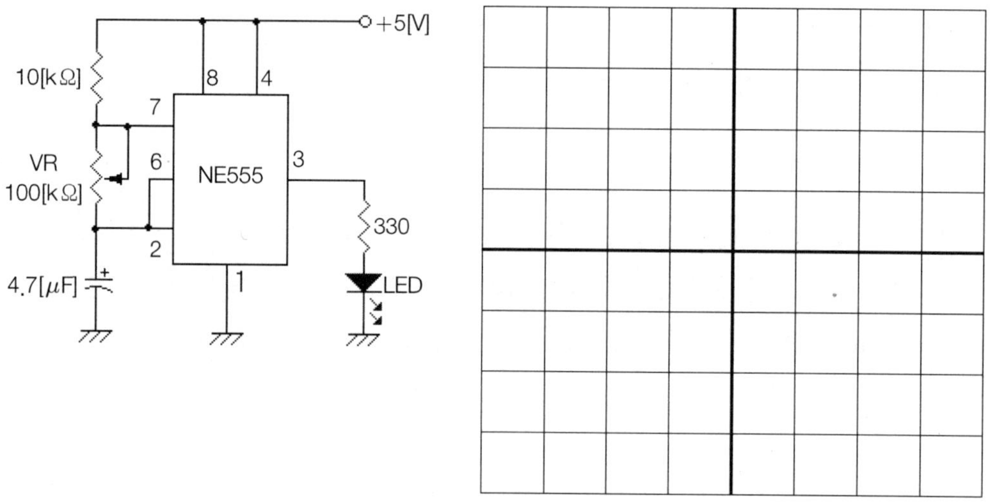


[그림 2-13] 타이머 IC회로

〈표 2-3〉 CMOS IC 구동회로의 전압과 전류

| Gate 출력상태 | 전 압 | | LED 전류 | |
|---|---|---|---|---|
| | $V_{ce}$ | LED 양단 | 측정값 | 계산값 |
| H 레벨 | [V] | [V] | | |
| L 레벨 | [V] | [V] | | |

## 4. LED 드라이브 전용 IC 회로 실험

[그림 2-10]과 같은 전용 IC 구동회로를 구성하고 직류전원과 교류전원을 공급하고, 각각 LED의 휘도와 전압강하 및 LED에 흐르는 전류를 측정하여 〈표 2-4〉에 기록하고 동작실험을 한다.

**〈표 2-4〉 LED 드라이브 전용 IC 구동회로**

| 구동전원 | LED 양단 전압 | LED 전류 | |
|---|---|---|---|
| | | 측정값 | 계산값 |
| 직류 8～450[V] | [V] | | |
| 교류 85～255[V] | [V] | | |

## 5. 실험결과에 대한 토의

## 6. 실험보고서 작성

## 7. 정리정돈

| 실습 과제명 | 2-2 포토 다이오드 구동회로 |
|---|---|
| 목　　표 | ① 포토 다이오드의 특성을 알고, 구동회로를 구성한다<br>② 포토 다이오드 구동회로를 설계할 수 있다.<br>③ 포토 다이오드의 특성을 측정하고, 활용할 수 있다. |

| 장비 및 공구 | 소요재료 | 규격 | 수량 | 안전 및 유의사항 |
|---|---|---|---|---|
| - 오실로스코프 | IC | LF357 | 1 | ① 장비 사용법을 익혀 부상과 장비 파손에 주의한다.<br>② 반도체 소자의 핀번호를 바르게 사용하여 손상이 없도록 한다.<br>③ DC 및 AC 전원을 바르게 연결하여 재료가 파손되지 않도록 한다.<br>④ 감전 등 안전에 주의한다. |
| - LED 특성측정기 | TR | C1815 | 1 | |
| - 브레드보드 | FET | 2SK19 | 1 | |
| - 직류전원장치 | 포토 다이오드 | HP-5FR2 | 1 | |
| - 디지털 조도계 | | S1446 | 1 | |
| - 디지털 VM | | S1721 | 1 | |
| - 회로시험기 | | 22[kΩ], 50, | 1 | |
| - 마이크로스코프 | 저항 | 510, | 2 | |
| | | 3.3[MΩ], 1[MΩ] | 1 | |
| | 콘덴서 | 0.1[μF] | 2 | |

**[그림 2-14] 포토 다이오드의 외형**

# 관계지식

포토 다이오드는 자체에 기전력을 가지고 있는 소자이므로 이것을 동작시킬 경우에는 별다른 외부 전원이 필요하지 않기 때문에 전원 없이도 간단히 광검출회로를 구성할 수 있다.

## 1. 무바이어스 회로

[그림 2-15]는 무바이어스 회로이며, 여기서는 고부하 저항(高負荷 抵抗)회로와 저부하 저항(低負荷 抵抗)회로를 보였다.

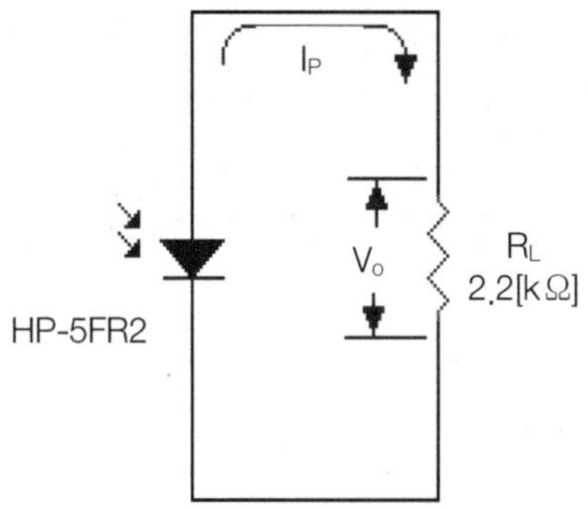


(a) 고부하 저항회로

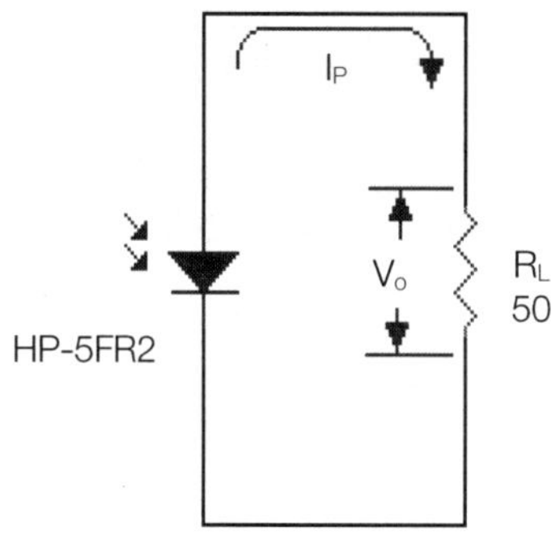


(b) 저부하 저항회로

**[그림 2-15] 무바이어스 회로**

고부하 저항회로는 출력전압이 크지만, 응답이 늦다. 반대로 저부하 저항회로는 출력전압이 적으나 응답이 빠르다.

출력특성은 부하저항이 클수록 [그림 2-16]에서와 같이 출력단자 개방형에 가까워지고, 부하저항이 작으면 출력단자 단락형으로 된다.

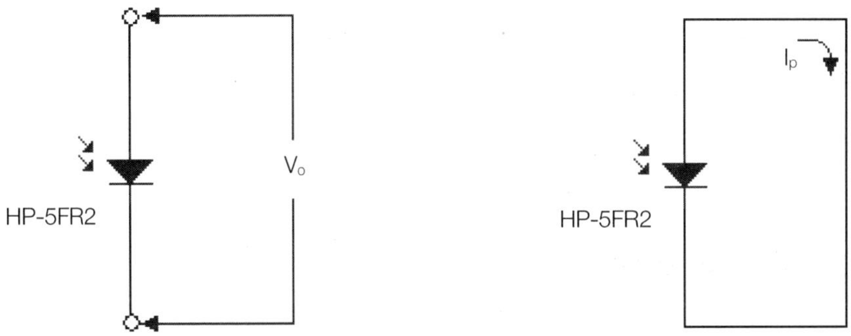


(a) 출력단자 개방형 (b) 출력단자 단락형

**[그림 2-16] 출력단자 개방형과 단락형**

그러나 소자 단체이기 때문에 출력신호는 매우 미약하여 증폭회로의 부가가 필요하다.

## 2. 역바이어스 회로

포토 다이오드에 역바이어스를 걸면 그 응답특성을 몇 배 이상 개선할 수 있다. 이것은 역바이어스에 의한 접합용량의 저하에 의한 것이지만 일반적으로 몇 [V] 정도로 일정한 값을 나타낸다. [그림 2-17]은 역바이어스 회로이다.

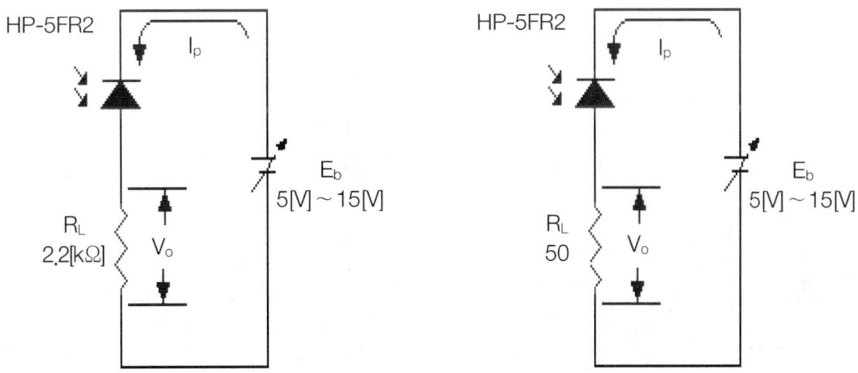


(a) 고부하 저항회로 (b) 저부하 저항회로

**[그림 2-17] 역바이어스 회로**

역바이어스 회로에서 부하저항이 큰 경우 저부하저항 회로보다는 출력전압이 크고, 응답이 늦지만 무바이어스 회로에 비하면 응답특성이 좋은 편이다. 하지만, 암전류가 많은 단점이 있다. 역바이어스 회로에서 부하저항이 작은 경우 출력전압은 작으나 응답특성이 빠르다.

## 3. 트랜지스터 조합회로

포토 다이오드의 출력전류는 극히 미약하여 소자단체로 사용할 수 없기 때문에 약간의 증폭을 할 필요가 있다. 이것을 실제에 적용한 것이 포토 트랜지스터이다.

여기서는 그 원형으로서 [그림 2-18]과 같은 포토 다이오드와 트랜지스터의 조합회로를 보기로 한다. [그림 2-18]의 회로는 컬렉터 출력 회로형과 이미터 출력 회로형으로서 그 특징은 〈표 2-5〉와 같다.

**〈표 2-5〉 특성 비교표**

| 구 분 | 컬렉터 출력회로 | 이미터 출력회로 |
|---|---|---|
| 용 도 | 펄스 입사광 회로에 적합 | 아날로그 회로에 적합 |
| 위 상 | 출력신호와 입사광 신호가 역위상 | 출력신호와 입사광 신호가 동위상 |
| 출 력 | 출력이 크다. | 출력이 작다.<br>$R_b$에 의해 암전류가 경감된다. |

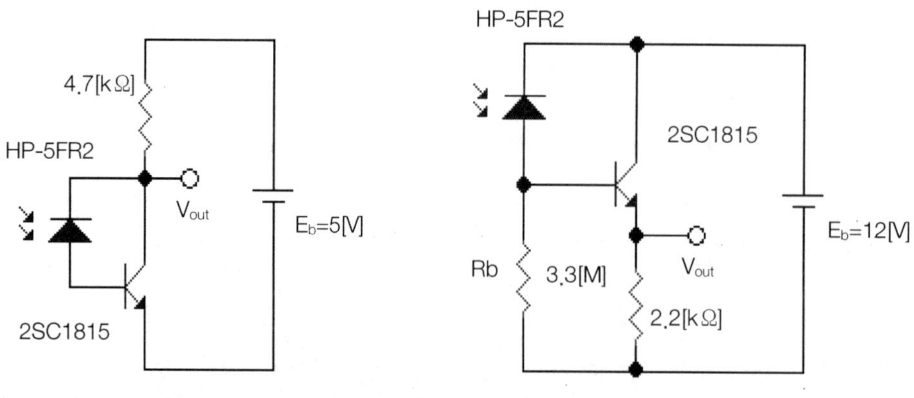


**[그림 2-18] 트랜지스터 조합회로**

## 4. OP AMP 조합회로

[그림 2-19]는 미약한 포토 다이오드의 출력을 증폭하기 위하여 OP AMP(연산 증폭기 : Operational Amplifier)를 사용한 회로이다.

여기서는 무바이어스 회로와 역바이어스 방식의 특성을 비교한다.

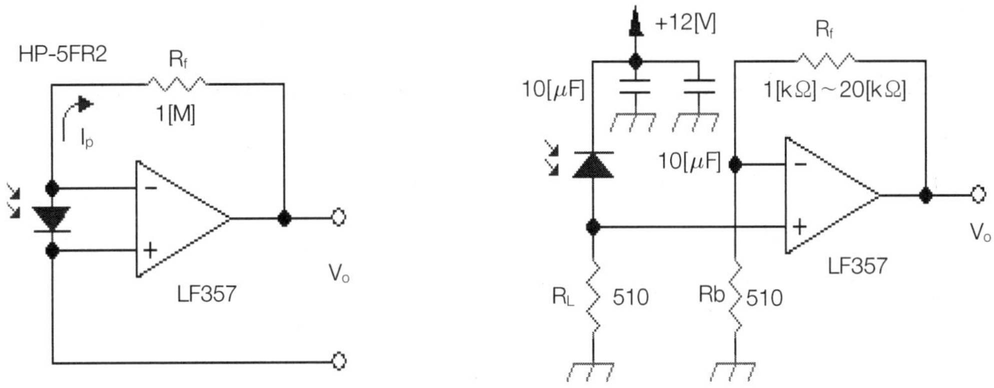


(a) 무바이어스 회로　　　(b) 역바이어스 회로

**[그림 2-19] OP AMP 조합회로**

무바이어스 회로의 특징은 광범위한 입사광을 측정할 수 있다는 점에 있는데, 응답특성은 역바이어스 방법보다 떨어진다. 귀환저항값($R_f$)에 따라 출력전압을 조정할 수 있고, 이 저항 대신 로그 다이오드를 사용하면 대수 압축전압을 얻을 수 있다. 또한 동작 레인지가 넓어서 조도계나 측광용으로 사용할 수 있다.

역바이어스 회로는 응답특성이 고속이고, 비반전 출력을 얻는다.

## 5. 기타 구동회로

대수 압축회로는 아날로그적인 사용법이 일반적이며, 출력전압을 대수 압축할 수 있고, 광대역 측광이 가능하다. 위치 결정회로는 듀얼형(dual type)의 포토 다이오드를 사용하여 PD1과 PD2의 차분 출력을 낸다. 주로 위치결정 장치의 센서로 사용한다.

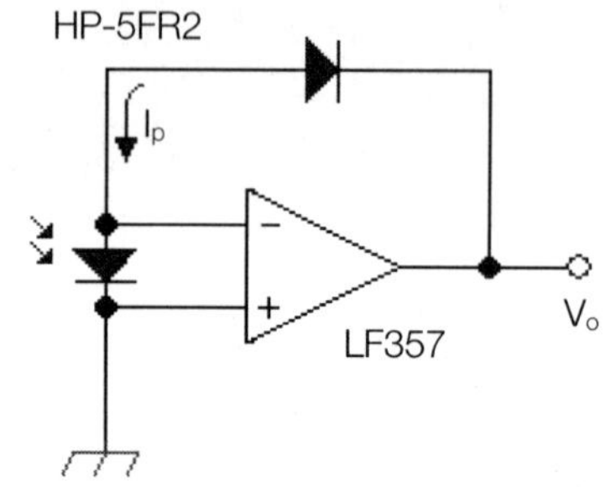


**[그림 2-20] 대수 압축회로**

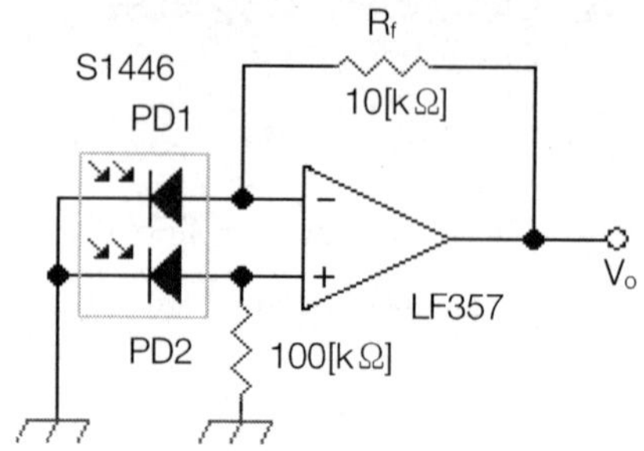


**[그림 2-21] 위치 결정회로**

FET를 이용한 변조광 회로는 아날로그광에서는 사용할 수 없으며, PIN 다이오드에 역방향 바이어스를 걸기 때문에 응답특성이 고속이고, 저잡음용 교류전용 증폭기이다. 광리모컨 등에 이용된다.

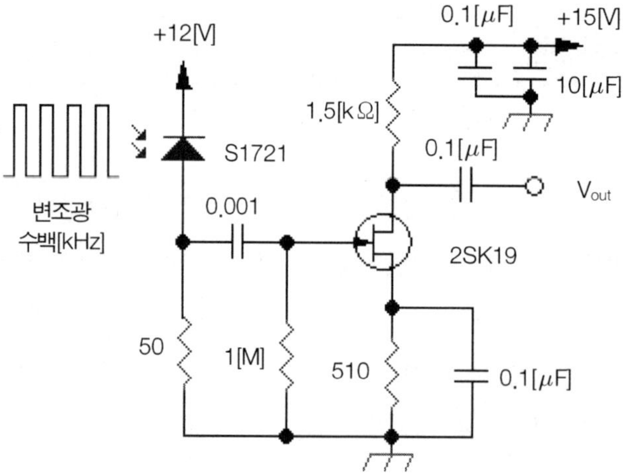


**[그림 2-22] FET를 사용한 변조광 회로**

## • 실습순서 •

## 1. 트랜지스터 조합회로 측정

[그림 2-18]과 같은 포토 다이오드와 트랜지스터의 조합회로를 구성하고, 회로의 전압과 전류를 측정하여 〈표 2-6〉에 기록한다.

**〈표 2-6〉 트랜지스터의 조합회로의 동작**

| 회로 형식 | 빛 차단시 | | 빛 조사시 | |
|---|---|---|---|---|
| | PD 전압강하 | $V_{out}$ | PD 전압강하 | $V_{out}$ |
| 컬렉터 출력형 | [V] | [V] | [V] | [V] |
| 이미터 출력형 | [V] | [V] | [V] | [V] |

## 2. OP AMP 조합회로 측정

[그림 2-19]와 같이 OP AMP 조합회로를 구성하고, 회로의 전압과 전류를 측정하여 〈표 2-7〉에 기록한다.

**〈표 2-7〉 트랜지스터의 조합회로의 동작**

| 회로 형식 | 빛 차단시 | | 빛 조사시 | |
|---|---|---|---|---|
| | PD 전압강하 | $V_{out}$ | PD 전압강하 | $V_{out}$ |
| 무바이어스 회로 | [V] | [V] | [V] | [V] |
| 역바이어스 회로 | [V] | [V] | [V] | [V] |

## 3. FET를 이용한 변조광 회로

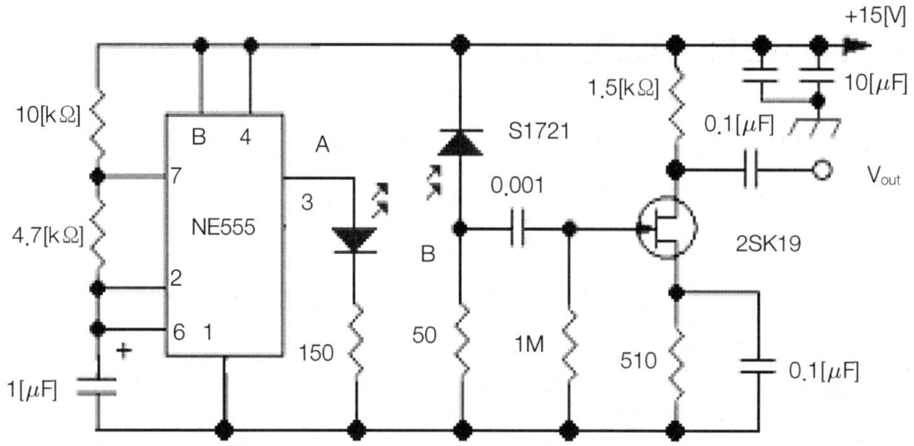


[그림 2-23] FET를 이용한 변조광 회로

① [그림 2-23]의 FET를 이용한 변조광 회로를 구성하고 A점, B점, $V_{out}$의 파형을 측정하여 [그림 2-24]에 기록한다. 이때 LED는 적색으로 한다.

② A점의 주파수가 400[kHz]가 되도록 발진회로의 발진소자를 조정하고, 주파수를 측정 기록한다.

- 발진주파수 : ________kHz

# 4. 레이저 검출회로

[그림 2-25]의 레이저(laser) 검출회로를 구성하고, 동작을 확인한다.

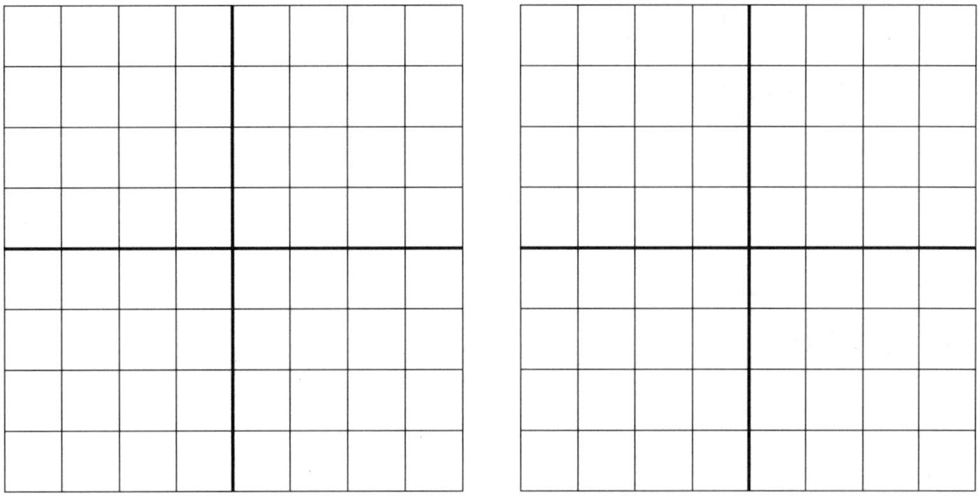

(a) A점 파형　　　　(b) $V_{out}$ 파형

**[그림 2-24] 각부 파형**

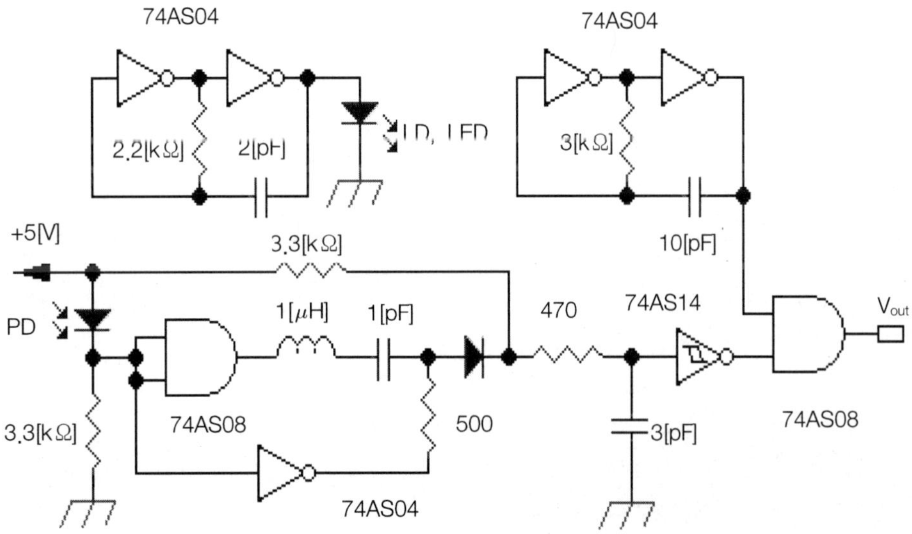


**[그림 2-25] 레이저 검출회로**

## 5. 실험결과에 대한 토의

## 6. 실험보고서 작성

## 7. 정리정돈

| 실습 과제명 | **2-3 포토 트랜지스터 구동회로** | | | |
|---|---|---|---|---|
| 목 표 | ① 포토 트랜지스터의 특성을 알고, 구동회로를 구성한다<br>② 포토 트랜지스터 구동회로를 설계할 수 있다.<br>③ 포토 트랜지스터의 특성을 측정하고, 활용할 수 있다. | | | |
| **장비 및 공구** | **소요재료** | **규격** | **수량** | **안전 및 유의사항** |
| - 오실로스코프<br>- LED 특성측정기<br>- 브레드보드<br>- 직류전원장치<br>- 디지털 조도계<br>- 디지털 VM<br>- 회로시험기<br>- 마이크로스코프 | 포토 TR<br><br>TR<br>IC<br><br><br>다이오드<br>저항<br>모터 | TPS601<br>TPS606<br>A1015<br>TC4069<br>SN7414<br>TA75458<br>1S1588<br>100[kΩ] 외<br>DC12[V] | 1<br>1<br>1<br>1<br>1<br>1<br>1<br>6<br>1 | ① 장비 사용법을 익혀 부상과 장비 파손에 주의한다.<br>② 반도체 소자의 핀번호를 바르게 사용하여 손상이 없도록 한다.<br>③ DC 및 AC 전원을 바르게 연결하여 재료가 파손되지 않도록 한다.<br>④ 감전 등 안전에 주의한다. |

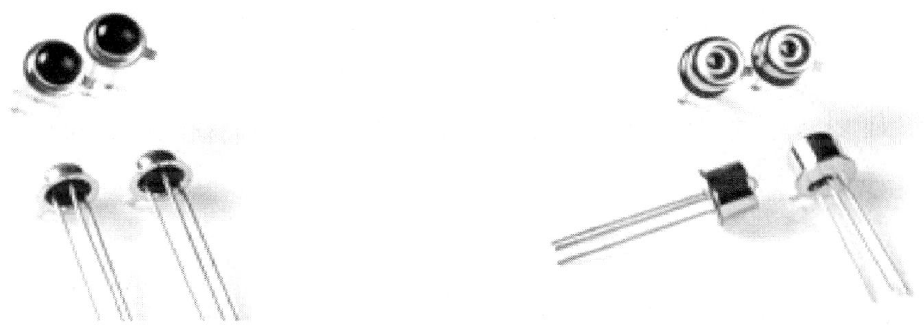

**[그림 2-26] 포토 트랜지스터의 외형**

## 관계지식

### 1. 포토 트랜지스터의 기본 구동회로

포토 트랜지스터를 효과적으로 사용하기 위한 기본회로는 [그림 2-27]이다.

① [그림 2-27](a)는 이미터 출력회로로서 포토 트랜지스터의 이미터측에 부항 저항을 접속해서 그 출력을 이미터에서 얻는 방식이다. 이 회로의 특징은 출력신호가 입사광과 같은 위상이라는 것과 다음 단에 NPN 트랜지스터를 접속하기 쉽다는 것과 펄스광 검출에 알맞다는 장점이 있으며, 단점으로는 출력신호가 작다는 점이다.

② [그림 2-27](b)는 컬렉터 출력회로로서 포토 트랜지스터의 컬렉터측에 부항 저항을 접속해서 그 출력을 컬렉터에서 얻는 방식이다. 이 회로의 특징은 출력신호를 $V_{CE(\mathrm{sat})}$까지 그 출력전압을 이용할 수 있고, 펄스광 검출에 알맞다는 장점이 있으며, 출력신호가 입사광과 역위상으로 된다.

③ [그림 2-27](c)는 암전류(역포화전류) 보상형 회로라고도 불리는데 이것은 베이스 단자가 붙어 있는 포토 트랜지스터에 많이 이용되고 있는 온도보상 회로이다. 이 회로는 온도보상법의 여러 가지 방법 중 브리더 방식의 회로로서 직류 동작점의 열적 안정성이 양호하고, 아날로그광의 측광에 적합하며, 베이스 전류에 의해 역포화전류를 저감할 수 있는 장점이 있다.

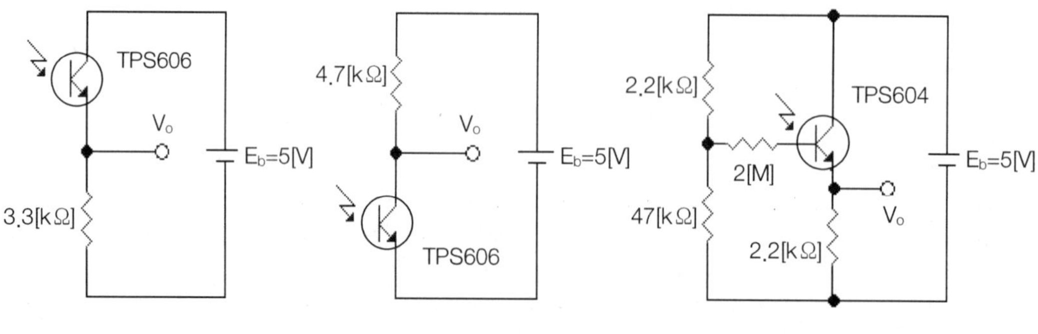


(a) 이미터 출력형 (b) 컬렉터 출력형 (c) 온도보상 회로

**[그림 2-27] 포토 트랜지스터 기본 구동회로**

## 2. 트랜지스터 조합회로

[그림 2-28](a)는 포토 트랜지스터에 트랜지스터를 조합한 이미터 출력 형식의 포토 달링턴 회로이다. 여기에서는 포토 트랜지스터의 이미터에 또다른 NPN 트랜지스터를 접속하여 그 이미터에 부하저항을 접속해서 전체를 이미터 폴로워(emitter follower) 형식으로 하고 있다. 이 회로의 특징은 매우 큰 광전류를 얻을 수 있기 때문에 10[mA] 정도의 소형 릴레이를 직접 구동할 수 있는 장점이 있다. 트랜지스터 광전류 $I_{PT}$는 외부 트랜지스터에 거의 $hf_e$배가 된다.

출력전압은 다음과 같다.

$$V_o \simeq I_{PT}(1+hf_e)R_E$$

[그림 2-28](b)는 컬렉터 출력형 포토 달링톤 회로이다. 여기에서는 포토 트랜지스터의 이미터에 또 하나의 NPN 트랜지스터를 추가하고, 그 컬렉터에 부하저항을 접속해서 전체를 컬렉터 폴로워 형식으로 하고 있다. 또 이 회로는 [그림 2-27](a)보다 큰 출력전압을 얻을 수 있고, 회로 구성상 입사광과 출력전압의 관계가 반대 위상으로 된다.

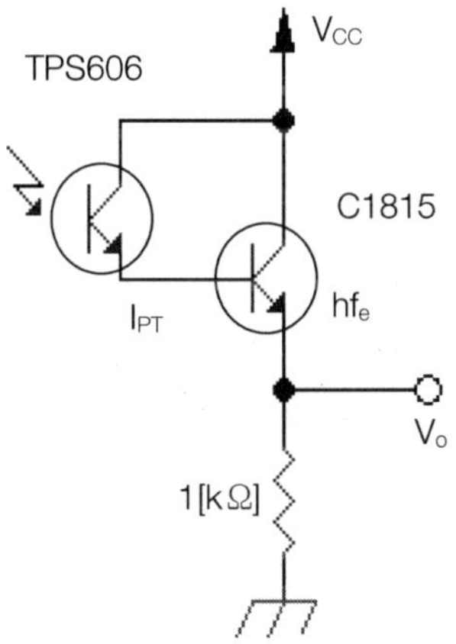


(a) 이미터 출력형

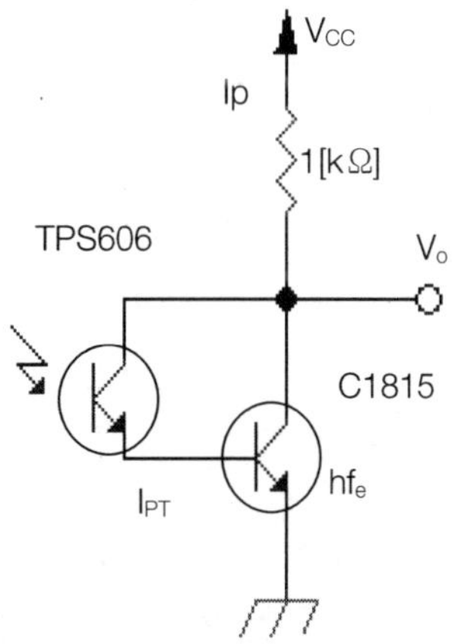


(b) 컬렉터 출력형

**[그림 2-28] 포토 달링턴 회로**

[그림 2-29](a)는 반전(反轉 : inverted) 포토 달링톤 회로인데, 여기에서는 포토 트랜지스터의 컬렉터에 또 하나의 PNP 트랜지스터를 조합해 전체를 이미터 폴로워로 하고 있다.

[그림 2-30]은 그 발전형인데 여기에서는 그 출력을 PNP 트랜지스터에서 얻고 있다. 더구나 두 회로는 언뜻 보기에는 닮았지만, [그림 2-30]의 회로는 포토 트랜지스터의 이미터를 접지하고 있기 때문에 회로 구성상 [그림 2-29](a)보다는 큰 출력전압을 얻을 수 있다.

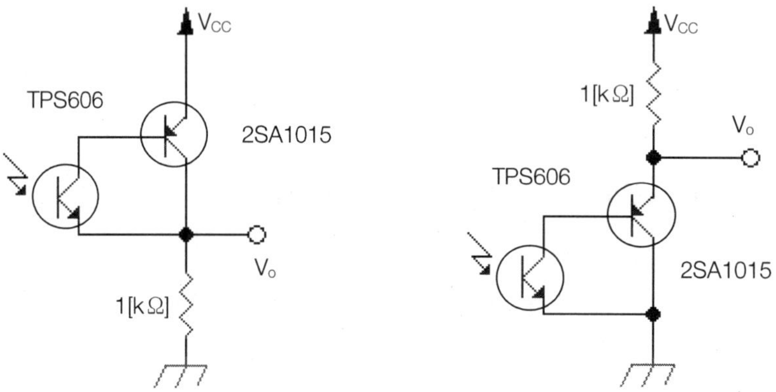


(a) 컬렉터 출력형 (b) 이미터 출력형

**[그림 2-29] 반전 증폭회로**

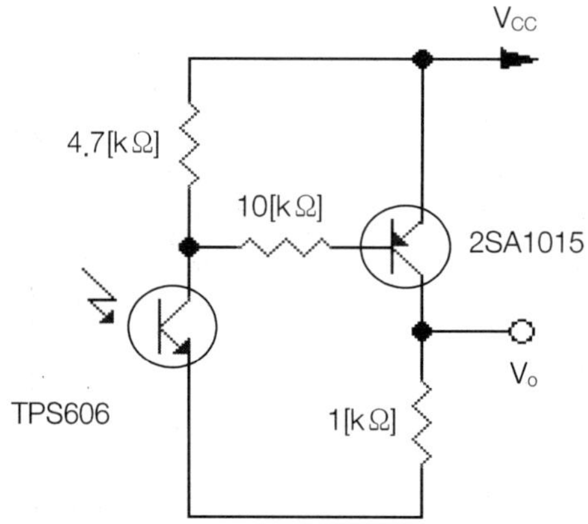


**[그림 2-30] 비반전 증폭회로**

## 3. IC 조합회로

포토 트랜지스터는 그 자체가 큰 증폭작용을 지니고 있기는 하지만 IC 등의 액티브 소자를 병용하면 그 성능을 크게 향상시킬 수 있다.

[그림 2-31]은 포토 트랜지스터와 인버터(inverter) IC의 조합회로이다. 이 회로는 인버터 두 개를 이용하여 슈미트 회로(Schmitt circuit)를 구성한다. 슈미트 회로는 출력전압이 급격히 상승하는 특성(hysteresis : 히스테리시스 특성 등)을 갖기 때문에 내 잡음성이 뛰어나다. 그래서 슈미트 회로는 디지털 시스템의 인터페이스(interface)로 주로 이용되고 있다.

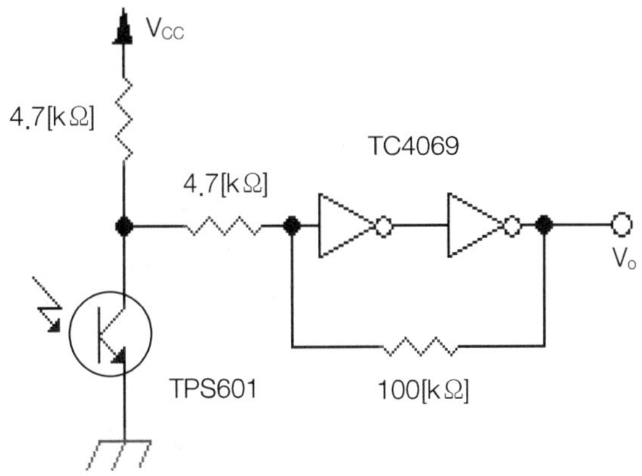


**[그림 2-31] 인버터 IC 조합회로**

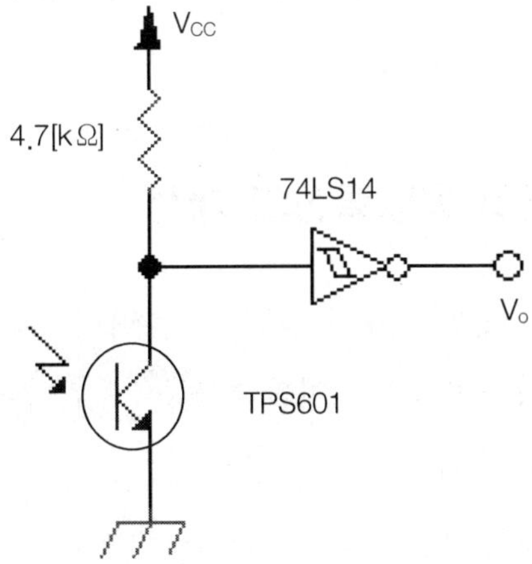


**[그림 2-32] 슈미트 트리거 회로**

[그림 2-32]의 회로는 슈미트 트리거(Schmitt trigger) IC를 조합한 것으로 [그림 2-31]의 회로를 간략화한 것으로 두 회로를 같은 것으로 취급할 수 있다.

[그림 2-33](a)의 회로는 포토 트랜지스터를 포토 다이오드로 이용한 것으로 여기에 OP AMP를 조합한 회로이다.

이 회로의 특징은 선형적(linear)인 광센싱에 적합하고, 응답특성이 뛰어나다는 것이다. 또 출력전압 $V_o$는 $V_o = I_o \times R_f$ 의 관계식으로 주어지며, 귀환(歸還) 저항 $R_f$에 대응한 출력전압을 얻을 수 있다. 즉, 회로 구성상 그 출력은 입사광과 위상이 반대가 된다.

[그림 2-33](b)는 포토 트랜지스터와 OP AMP의 조합이다. 여기에서는 이미터의 출력전압을 그대로 OP AMP로 증폭하고 있다. 이 회로의 이득(gain)은 입력저항 $R_b$와 귀환저항 $R_f$의 비로 결정된다.

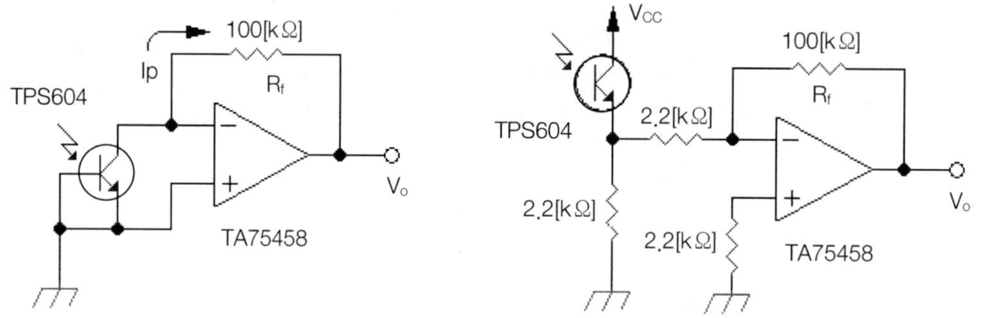


(a) 포토 다이오드로 이용 (b) OP AMP 반전증폭 회로

**[그림 2-33] 포토 트랜지스터와 OP AMP의 조합회로**

## 4. 포토 트랜지스터의 응답특성의 개선

포토 트랜지스터는 부하저항을 크게 하면 그 출력도 증가하지만 응답특성이 현저하게 떨어져 고속동작이 곤란하다. 이를 개선하기 위하여 트랜지스터를 효과적으로 이용하여 그 영향을 경감시킬 수 있다.

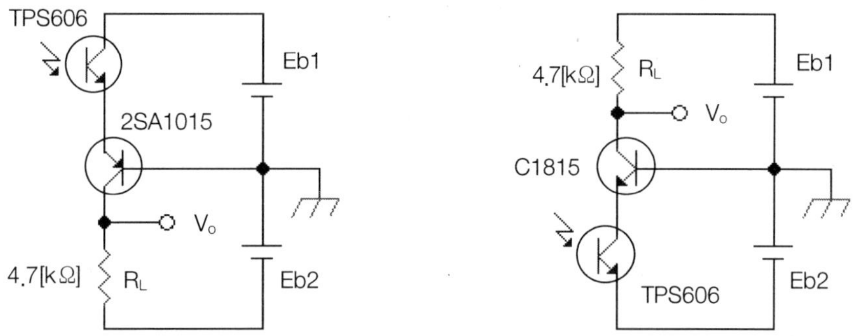


(a) PNP TR 개선회로 (b) NPN TR 개선회로

**[그림 2-34] 트랜지스터를 사용한 주파수 특성 개선회로**

[그림 2-34](a)는 외부 트랜지스터로 PNP 트랜지스터를 사용하여 베이스 접지 회로를 구성한 것이다. 이것은 일종의 임피던스(impedance) 변환 기법이며, 이에 의해 부하저항 $R_L$이 크게 되어도 포토 트랜지스터의 영향을 적게 하고 있다.

또, [그림 2-34](b)는 외부 트랜지스터로 NPN형 트랜지스터를 사용하여 앞의 것과 똑같은 베이스 접지회로를 구성하고 있다.

## 5. 광신호에 의한 스위칭 회로

[그림 2-35]는 off형의 1단 증폭회로의 예이다. 여기에서는 포토 트랜지스터의 컬렉터 측에 다이오드를 통해서 다음 단의 NPN 트랜지스터의 베이스에 입력하고 있다. 이 때문에 회로 동작은 포토 트랜지스터 on으로 다음 단의 NPN 트랜지스터가 off로 된다.

이 회로 구성에서는 포토 다이오드의 광전류가 직접 외부 트랜지스터에 흘러가지 않기 때문에 앞의 달링톤 접속과는 상당히 다른 특성으로 된다. 주요한 용도는 펄스광의 스위칭으로 TTL 레벨의 디지털 회로와 직결할 수 있는 것이다.

[그림 2-36]은 광입력에 의한 DC 모터의 on/off 제어회로이다. 여기에서는 포토 트랜지스터 외에 중간 단의 소신호 증폭용 트랜지스터, 후단(後段)의 NPN 파워 트랜지스터가 각각 설치되어 있다. 이 회로의 동작은 포토 트랜지스터 on으로 모터가 회전한다.

또 이 회로의 예에서는 모터를 구동하고 있으나 2[A] 정도의 부하전류가 되면 어떤 용도에도 사용할 수 있다.

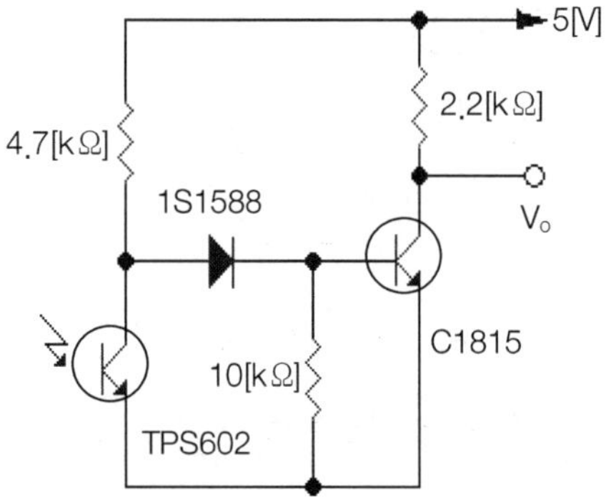


[그림 2-35] off형 1단 증폭회로

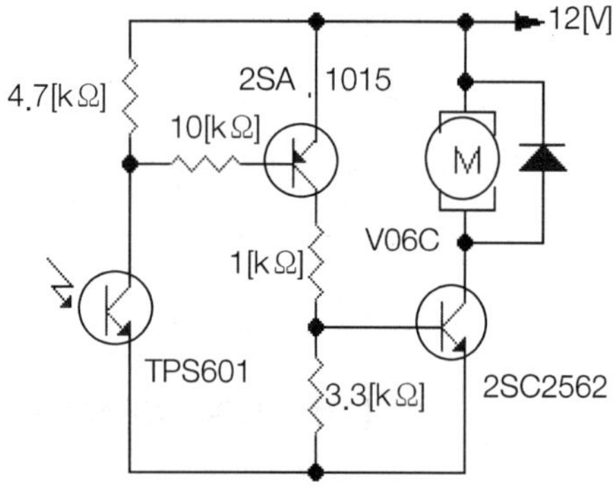


[그림 2-36] 모터의 on-off 회로

## • 실습순서 •

# 1. 포토 트랜지스터 구동회로

① [그림 2-27]의 포토 트랜지스터 기본 구동회로를 구성하고, 빛을 조사할 때와 차단할 때의 출력전압을 측정하여 〈표 2-8〉에 기록한다.

**〈표 2-8〉 기본 구동회로의 출력전압**

| 구동회로 | 출력전압 $V_o$ | |
|---|---|---|
| | 빛 차단시 | 빛 조사시 |
| 이미터 출력형 | [V] | [V] |
| 컬렉터 출력형 | [V] | [V] |
| 온도보상 회로 | [V] | [V] |

② [그림 2-28](a), [그림 2-29](b), [그림 2-30]의 구동회로를 구성하고, 빛을 조사할 때와 차단할 때의 출력전압 및 전류를 측정하여 〈표 2-9〉에 기록한다.

**〈표 2-9〉 달링턴 접속회로의 전압과 전류**

| 달링턴 접속 구동회로 | 출력전압 $V_o$ | | 전 류 |
|---|---|---|---|
| | 빛 차단시 | 빛 조사시 | |
| 이미터 출력형 | [V] | [V] | |
| 컬렉터 출력형 | [V] | [V] | |
| 비반전 증폭회로 | [V] | [V] | |

③ [그림 2-33]의 포토 트랜지스터와 OP AMP의 조합회로를 구성하고, 빛을 조사할 때와 차단할 때의 출력전압 및 전류를 측정하여 〈표 2-10〉에 기록한다.

<표 2-10> OP AMP 조합회로의 출력전압과 전류

| 달링턴 접속 구동회로 | 출력전압 $V_o$ | | 전류 Ip |
|---|---|---|---|
| | 빛 차단시 | 빛 조사시 | |
| 포토 다이오드 | [V] | [V] | |
| 반전증폭기 | [V] | [V] | |

## 2. 모터 구동회로

① [그림 2-36]의 모터 on-off 회로를 구성하고, 빛의 유무에 따라서 모터의 작동상태를 확인한다.

## 3. 실험결과에 대한 토의

## 4. 실험보고서 작성

## 5. 정리정돈

| 실습 과제명 | 2-4 포토 커플러 구동회로 |
|---|---|
| 목 표 | ① 포토 커플러의 특성을 알고, 구동회로를 구성한다.<br>② 포토 커플러 구동회로를 설계할 수 있다.<br>③ 포토 커플러의 특성을 측정하고, 활용할 수 있다. |

| 장비 및 공구 | 소요재료 | 규격 | 수량 | 안전 및 유의사항 |
|---|---|---|---|---|
| – 오실로스코프 | 포토 인터럽터 | | 1 | ① 장비 사용법을 익혀 부상과 장비 파손에 주의한다. |
| – LED 특성측정기 | 포토 아이솔레이터 | | 1 | |
| – 브레드보드 | IC | uA741 | 1 | ② 반도체 소자의 핀번호를 바르게 사용하여 손상이 없도록 한다. |
| – 직류전원장치 | LED | 5φ 적 | 1 | |
| – 디지털 조도계 | TR | 2N3055 | 1 | |
| – 디지털 VM | | 2N3054 | 1 | ③ DC 및 AC 전원을 바르게 연결하여 재료가 파손되지 않도록 한다. |
| – 회로시험기 | 다이오드 | 1N914 | 1 | |
| – 마이크로스코프 | 모터 | DC12[V] | 1 | |
| | VR | 5[kΩ] | 1 | ④ 감전 등 안전에 주의한다. |
| | 저항 | 10[kΩ] 외 | 10 | |

(a) 포토 인터럽터

(b) 포토 아이솔레이터

**[그림 2-37] 포토 커플러의 외형**

## 관계지식

### 1. 포토 커플러

포토 커플러(photo coupler)는 발광소자와 수광소자를 조합하여 광을 매체로 신호의 전송을 행하는 소자이다. 포토 커플러의 구조는 발광 다이오드와 포토 트랜지스터(photo transistor) 등 수광소자를 하나의 패키지에 넣은 것으로 입출력 사이가 전기적으로 절연되어 있기 때문에 전기적인 잡음 제거에 널리 사용된다.

포토 커플러는 그 종류도 여러 가지가 있다. 예를 들면, 회로간 인터페이스(interface)로 사용되는 포토 커플러(포토 아이솔레이터), 자동화기기 등의 위치 결정에 사용되는 포토 커플러(포토 인터럽터), 그리고 샤프트형 인코더에 사용되는 포토 커플러(포토 인터럽터) 등이 있다.

또, 포토 커플러의 구성요소에 따라 여러 가지 조합이 있고, 이들은 요구 정밀도나 사용목적에 따라 다르게 사용된다. [그림 2-37]은 포토 커플러의 외형이고, 〈표 2-11〉에 포토 인터럽터의 종류와 구성요소를 나타내었다.

**〈표 2-11〉 포토 인터럽터의 분류**

| 분류 | 형식 | 구성요소 |
|---|---|---|
| 포토 인터럽터 | 광투과형 | LED＋포토 트랜지스터 |
| | | LED＋포토 IC |
| | | LD＋포토 다이오드 |
| | 광반사형 | LED＋포토 트랜지스터 |
| | | LED＋포토 IC |
| | | LD＋포토 다이오드 |

## 2. 포토 인터럽터

포토 인터럽터(photo interrupter)에는 발광소자와 수광소자를 일정한 간격을 두고 마주보게 하여 하나의 패키지 안에 고정시켜 그 사이의 물체의 유무와 위치를 감지하는 투과형 포토 인터럽터, 그리고 발광소자와 수광소자를 평면상, 또는 어떤 각도를 두어 동일한 방향으로 배치하여 하나의 패키지 안에 고정시켜 발광소자로부터 나온 광을 물체에 반사시켜 그 반사광을 수광소자에서 검출하는 반사형 포토 인터럽터가 있다.

### (1) 포토 인터럽터 구동회로

#### 1) 컬렉터 출력형 구동회로

포토 인터럽터를 이용한 회로는 [그림 2-38]과 같이 컬렉터 출력형과 이미터 출력형이 있는데 회로 구성상 컬렉터 출력형이 출력레벨에 있어서 뒷단과의 인터페이스가 쉬운 장점이 있으며, 응답특성이 수십 [kHz] 정도까지 미치기 때문에 모터의 회전센서로서 많이 사용되고 있다.

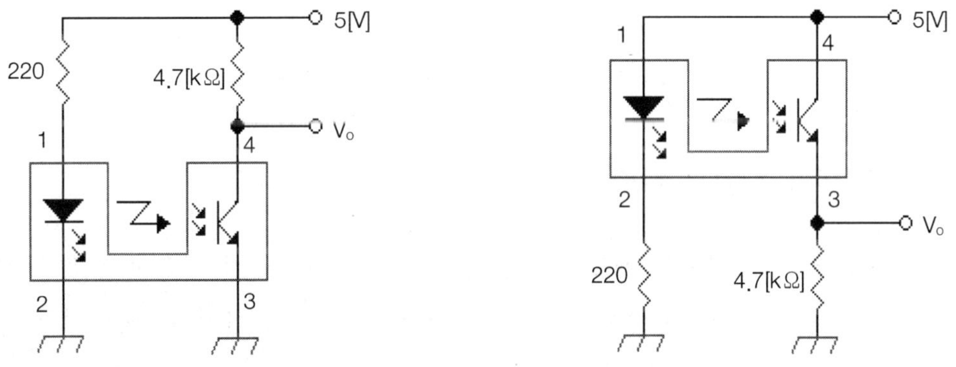


(a) 컬렉터 출력형 (b) 이미터 출력형

**[그림 2-38] 포토 인터럽터 구동회로**

#### 2) 이미터 출력형 구동회로

이미터 출력형 포토 인터럽터 회로는 성능상으로 컬렉터 출력형 포토 인터럽터 회로와 별 차이는 없지만 회로 구성상 전압 이용률이 다소 저하된다.

그러나 입사광과 출력신호가 동위상이어서 GND를 기준으로 신호출력을 얻어 낼 수 있다.

### (2) 트랜지스터를 이용한 포토 센서회로

[그림 2-39]는 컬렉터 출력 형식의 포토 센서회로에 PNP 트랜지스터를 추가하여 포토 트랜지스터의 출력전압을 증폭한다. 이 회로에서 포토 트랜지스터에 빛이 투과되면 출력단자 $V_{out}$는 H 레벨로 된다. 또한, 이 회로에서는 수십 [mA] 정도의 소형 릴레이를 직접 구성할 수 있기 때문에 이용가치가 높은 회로이다.

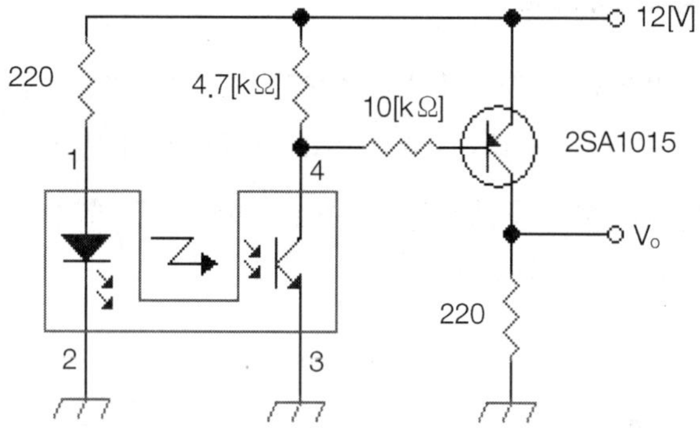


**[그림 2-39] 트랜지스터 조합회로**

### (3) 광제어 스위치 회로

[그림 2-40]의 회로에서 포토 인터럽터의 슬릿을 차단하지 않으면 포토 트랜지스터에 빛이 투과되어 IC uA741 2번핀에 +[V]의 전압이 가해져 6번핀에서 −[V]의 전압이 출력되어 트랜지스터 베이스에 가해지면 트랜지스터는 off 상태가 됨으로써 LED는 off 상태가 된다.

또한 포토 인터럽터의 슬릿을 차단하면 포토 트랜지스터에 빛이 차단되어 IC uA741 2번핀에 −[V]의 전압이 가해져 6번핀에서 +[V]의 전압이 출력되어 트랜지스터 베이스에 가해지면 트랜지스터는 on 상태가 됨으로써 LED는 on 상태가 된다. 이 회로는 소형 메커니즘이 브레이크(break) 회로로서 많이 사용된다.

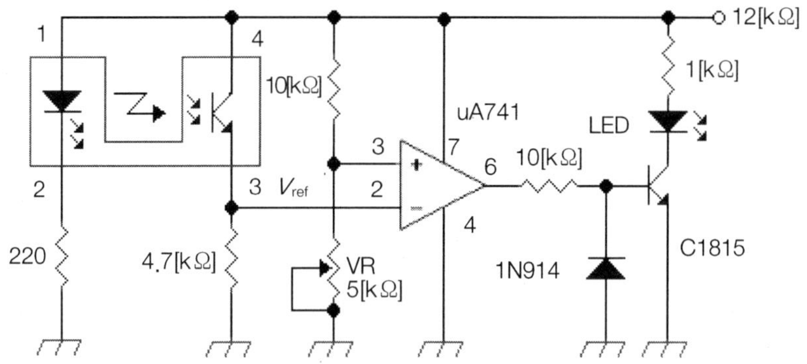


**[그림 2-40] 광제어 스위치 회로**

IC uA741은 일반적인 OP AMP이지만 여기에서는 비교기로서 사용되고 있으며, 가변저항 50[kΩ]로 기준전압을 맞추고 포토 인터럽터의 동작에 따라 LED가 on/off한다.

$V_i < V_{ref}$일 때 $V_o = -V_{sat}$(LED off)

$V_i > V_{ref}$일 때 $V_o = +V_{sat}$(LED on)

## 3. 포토 아이솔레이터

### (1) 포토 아이솔레이터의 활용

① 포토 아이솔레이터는 [그림 2-37](b)와 같이 포토 커플러와 동일한 구성이나 대체적으로 출력부분이 MOS-FET로 구성되어 있다. 이 MOS-FET에는 내압이 400[V] 이상되는 것도 있고, 큰 전류를 제어할 수 있다.

② 시판되고 있는 대부분의 포토 커플러들은 ILED와 포토 트랜지스터를 인접한 리드 프레임의 팔 위에 장착하여 만들어져 있다. 리드 프레임은 나뭇가지 같은 모양의 얇은 도체 판금으로 만들어져 패키지에 박혀 있다.

칩을 지지하는 절연기판은 내부 리드 프레임으로부터 형성되어 있고, 외부 리드 프레임은 DIP의 여러 핀들이 된다.

〈표 2-12〉 포토 아이솔레이터 분류

| 분류 | 종류 |
|---|---|
| 포토 아이솔레이터 | LED＋포토 트랜지스터 |
| | LED＋포토 IC |
| | LED＋CdS셀 |

③ 칩들과 해당 리드 프레임 핀들간에 와이어들을 결속한 후 두 칩 주위는 두 칩 사이에서 '광파이프' 또는 광도파관과 같은 역할을 하는 IR(적외선) 투과 수지로 감싸인다. 그런 다음 부품은 불투명의 에폭시 수지로 몰딩되어 DIP 형태가 되며, 리드 프레임의 핀들은 아래로 굽혀진다.

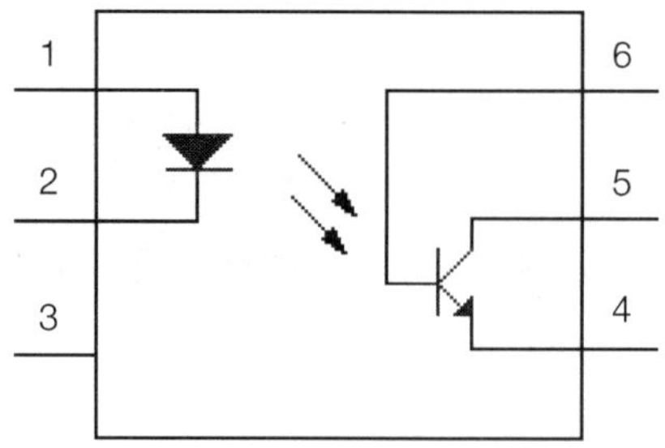


[그림 2-41] 포토 아이솔레이터의 내부 블록도

④ [그림 2-41]은 가장 흔히 쓰이는 단채널 6핀 포토 트랜지스터 포토 커플러 DIP의 핀 도해이다. 이것을 포토 커플러라고 불리는 이유는 적외선 에너지, 또는 광양자만이 입력 ILED를 출력 포토 트랜지스터에 연결해주기 때문이다. 이 소자는 포토 아이솔레이터라고도 하는데, 그것은 두 칩간에 전류가 전혀 통할 수 없기 때문이다.

⑤ 방사소자와 감지소자는 전기적으로 분리 및 절연되어 있다. 이 소자는 포토 커플러, 혹은 광양자 연결 절연체라고도 알려져 있다.

⑥ 6핀 DIP에서 포토 트랜지스터의 베이스 단자는 6번핀이지만, 보통 그것은 연결되지 않은 상태로 둔다. 또한 3번핀은 아무런 연결도 되어 있지 않은 (NC) 단자이다. 베이스인 6번핀과 이미터인 4번핀을 함께 단락시키면 포토

트랜지스터를 포토 다이오드로 바꿀 수 있다.

이것은 4핀 포토 커플러 DIP와 다채널 포토 커플러에서는 불가능하다.

## (2) 포토 아이솔레이터의 응용

① 신호선로의 잡음을 감소시키는 데 사용된다.

② 두 개의 전위가 서로 다른 결선 회로의 인터페이스(interface)가 되게 한다.

③ 무접점 계전기(솔리드스테이트 릴레이 : SSR)

## (3) 포토 아이솔레이터의 사용상 주의점

① 절연전압($V_{ISO}$) : 소자의 파손됨 없이 입력 및 출력 회로간에 존재할 수 있는 최대 허용가능 AC 전압이다. 포토 트랜지스터 출력 포토 커플러에 대해서는 일반적으로 RMS 500[V]에서 5[kV]의 범위이다.

② $V_{CE}$ : 포토 트랜지스터 출력에 허용되는 최대 DC 전압. 포토 트랜지스터 출력 커플러에 대한 일반적인 값은 30[V]에서 70[V]이다.

③ $I_F$ : ILED에 연속적으로 흐를 수 있는 최대 순방향 DC 전류. 포토 트랜지스터 출력 커플러에 대한 일반적인 값은 40[mA]에서 100[mA]이다.

④ 포토 트랜지스터 출력 커플러에 대한 상승 · 하강 시간은 일반적으로 상승 및 하강 모두 2[ms]에서 5[ms]며 이것에 의해 소자의 대역이 결정된다.

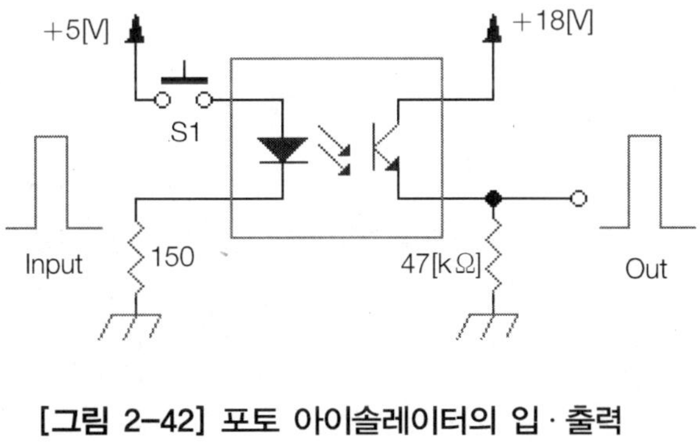


**[그림 2-42] 포토 아이솔레이터의 입 · 출력**

포토 아이솔레이터는 다양한 전압레벨에서 구동되는 인터페이싱 디지털 회로에 이상적으로 적합하다. 그것은 같은 TTL, ECL, 또는 CMOS 계열의 디지털 IC들을 인터페이싱할 수 있으며, 계열이 다른 디지털 IC들간의 인터페이스도 가능하다. 이 소자는 또한 퍼스널 컴퓨터 등 디지털 시스템의 디지털 출력을 모터, 릴레이, 솔레노이드, 램프 등에 인터페이싱할 수 있다.

## (4) 각종 포토 아이솔레이터의 비교

| 분류 | 구 조 | 수광소자 | 전류전환율 | 응답 | 비 고 |
|---|---|---|---|---|---|
| 1 | 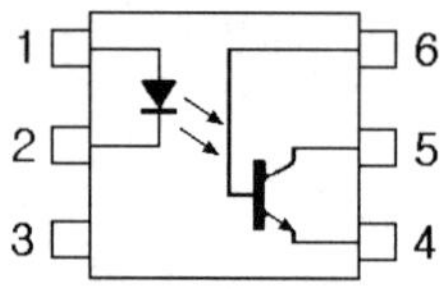  | 포토 트랜지스터 | 50～600[%] | 중속 | |
| | 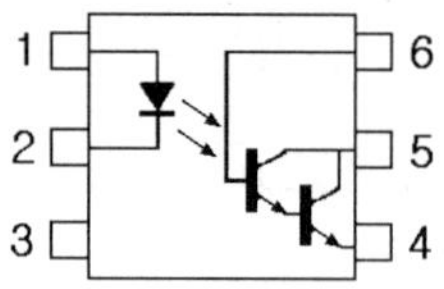  | 달링턴 포토 트랜지스터 | 500～5000[%] | 저속 | $V_{CE(sat)}$ 큼 암전류 큼 |
| 2 | 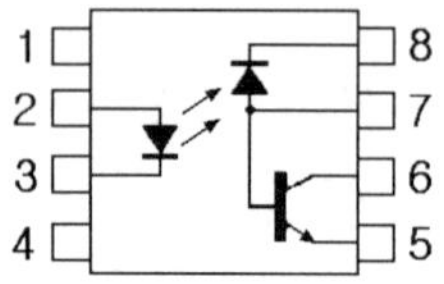  | 포토 다이오드 | 10～50[%] | 고속 | |
| 3 | 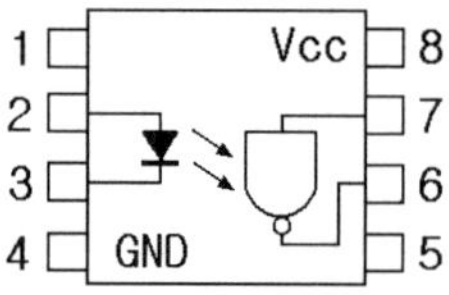  | 포토 IC | 600[%] | 고속 | |

[그림 2-43] 포토 아이솔레이터의 특성 비교

## • 실습순서 •

# 1. 출력이 큰 포토 인터럽터 회로 실험

① [그림 2-44]는 컬렉터 출력형식의 포토 인터럽터 회로에 PNP 트랜지스터를 추가하여 포토 트랜지스터의 출력전압을 증폭한 회로이다.

- 회로를 [그림 2-44]와 같이 결선한다.
- 전원을 인가하고, 출력전압 $V_{out}$를 측정하여 〈표 2-13〉에 기록한다.
- 슬릿 사이에 종이 등을 이용하여 차단한 후 출력전압 $V_{out}$를 측정하여 〈표 2-13〉에 기록한다.
- 전원을 off하고 DVM을 이용하여 출력저항(1[kΩ])에 흐르는 전류를 측정할 수 있도록 회로를 결선한다. 전원을 on한 후 슬릿을 차단했을 때의 전류와 차단하지 않았을 때의 전류를 측정하여 〈표 2-13〉에 기록한다.
- 출력저항(1[kΩ])과 병렬로 부저와 LED를 연결한 후 슬릿 사이에 종이 등을 이용하여 차단시켜보자. 이때 부저와 LED의 동작을 〈표 2-13〉에 기록한다.

**〈표 2-13〉 출력이 큰 포토 인터럽터 회로 측정결과**

| 실험과정 | 측정결과 |
|---|---|
| ① | $V_{out}$ = [V] |
| ② | $V_{out}$ = [V] |
| ③ | 슬릿을 차단했을 때 $I=$ [mA]<br>슬릿을 차단하지 않았을 때 $I=$ [mA] |
| ④ | |

- [그림 2-44]의 광제어 스위치 회로를 구성하고, 동작상태를 확인한다.

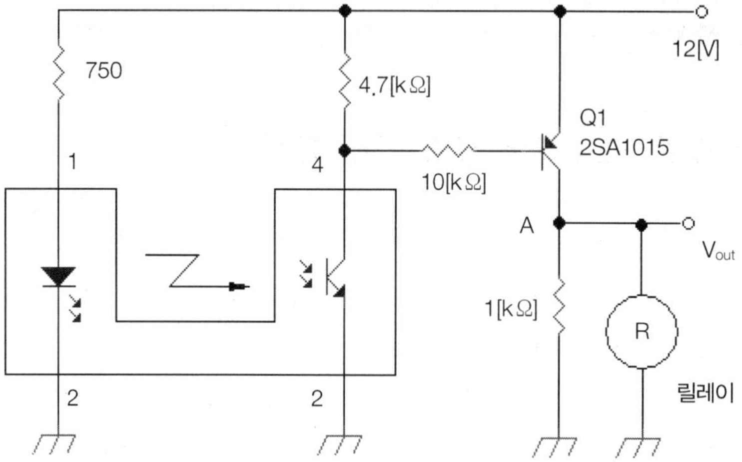


**[그림 2-44] 출력이 큰 포토 인터럽터 회로**

② [그림 2-45]와 같이 두 개의 인터페이스 회로를 브레드보드에 구성한다.

- 포토 아이솔레이터의 전류제한 저항은 어느 것인가?
- 포토 아이솔레이터 인터페이스를 TTL 게이트의 출력과 접지 사이에 연결하지 않는 이유는 무엇인가?
- 이 회로에서 TTL 출력전류를 측정하시오.

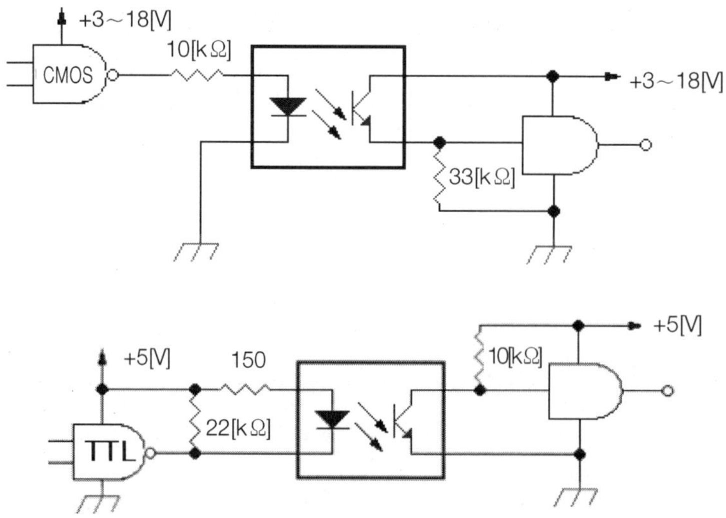


**[그림 2-45] 포토 아이솔레이터에 의한 TTL 게이트 인터페이스**

• TTL IC의 개방회로 출력전압은 논리 0 상태일 때 몇 [mV]인가 측정하시오.

• 이 회로에서 풀 업(pull-up) 저항은 어느 것인가? 또 이 저항의 기능과 역할을 설명하시오.

• 이 회로의 첫번째 게이트 출력 논리상태 0, 1에 대한 출력전압을 측정하시오.

③ [그림 2-46]과 같이 두 CMOS 게이트의 인터페이스 회로를 브레드보드에 구성한다. CMOS IC 출력은 수십 [mA]까지 전류 방출이나 흡수를 모두 쉽게 할 수 있다. 이 IC는 [그림 2-45]와 유사하게 흡수형으로 인터페이스될 수도 있고, [그림 2-46]과 같은 방출형이 될 수 있다.

어느 경우이든지 $R_2$는 CMOS 로직 0과 1 상태를 완전하게 전환시키는 출력전압 변동을 제공할 수 있는 충분한 용량이어야 한다.

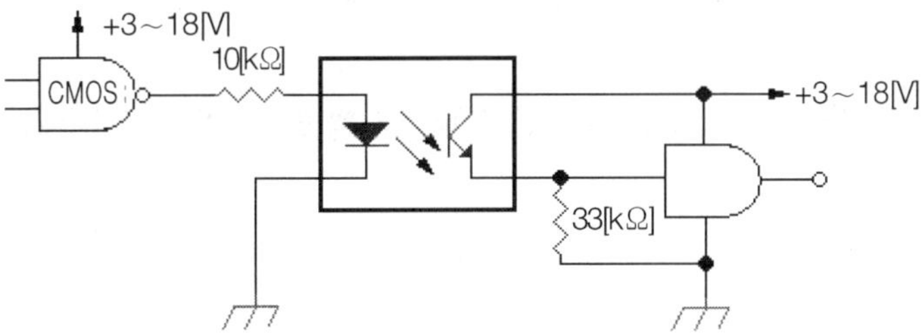


**[그림 2-46]** CMOS 게이트 인터페이스

• 이 회로에서 CMOS 출력전류를 측정하시오.

• CMOS IC의 개방회로 출력전압은 로직 0 상태일 때 몇 [mV]인지 측정하시오.

• 이 회로의 첫번째 게이트 출력 논리상태 0, 1에 대한 출력전압을 측정하시오.

④ [그림 2-47]은 디지털 출력신호(5[V], 5[mA])를 12[V]/1[A] DC 모터 인터페이스 회로이다. 이 회로를 브레드보드에 구성한다.

• 컴퓨터의 출력이 하이(hi)일 때 포토 아이솔레이터의 ILED의 입력전류와 포토 트랜지스터의 출력전류를 측정하고, 모터의 동작상태를 〈표 2-14〉에 기록한다.

〈표 2-14〉 동작상태표

| 측정항목 | ILED | 포토 트랜지스터 | DC 모터 |
|---|---|---|---|
| 측정전류 | | | |
| 동작상태 | | | |

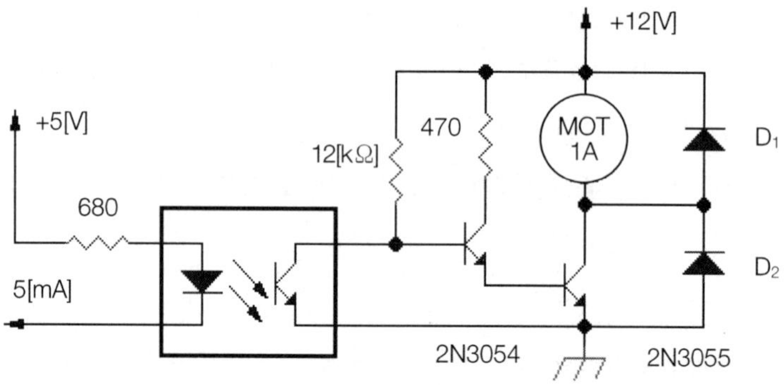


[그림 2-47] 포토 아이솔레이터에 의한 DC 모터 인터페이스

- 컴퓨터의 출력이 로우(low)일 때 포토 트랜지스터와 모터는 어떤 동작을 하는가?

## 2. 아날로그 인터페이스 회로 구성 및 측정

포토 아이솔레이터 내부의 ILED를 통해 '고정' 전류를 정하고, 그 전류를 아날로그 신호로 변조함으로써 한 회로로부터 다른 회로로 아날로그 신호를 인터페이스할 수 있다.

[그림 2-48]은 이 방법을 오디오 연결에 응용한 것이다.

OP AMP IC 2는 단일이득 전압 폴로워 모드로 연결되어 있다. 포토 아이솔레이터의 ILED는 OP AMP의 네거티브 피드백 루프에 배선되어 $R_3$에서의 전압(그리고 그에 따라 ILED를 통하는 전류)은 OP AMP의 3번 비반전 입력핀에 가해지는 전압을 정확하게 따라간다. 그 핀은 $R_1$과 $R_2$에 의해 전원전압이 반으로 배분된 전압에서 DC 바이어스가 걸린다.

OP AMP는 $C_1$에 가해지는 오디오 신호에 의해 AC 변조가 된다. ILED의 고정 전류는 $R_3$에 의해 1 내지 2[mA]로 설정된다.

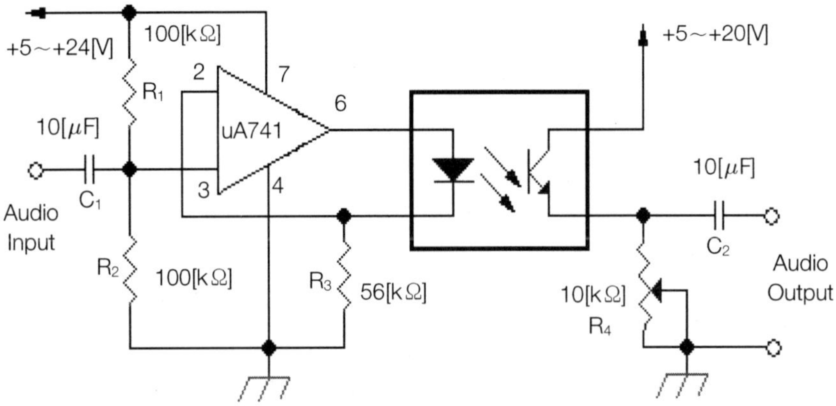


**[그림 2-48] 포토 아이솔레이터에 의한 오디오 인터페이스**

포토 아이솔레이터의 출력 쪽에서는 내부의 트랜지스터에 의해 고정전류가 정해진다. 그 전류는 포텐셔미터 $R_4$에서 전압을 생성하며, $R_4$는 그 고정출력이 전원 전압의 반과 같아지도록 조정되어야 한다.

오디오 출력신호는 포텐셔미터 $R_4$에서 나타나며 그것은 $C_2$에 의해 오디오 신호로서 분리된다.

- [그림 2-48]의 회로를 브레드보드에 구성하고 OP AMP 전원은 DC 12[V], 포토 아이솔레이터 전원은 DC 5[V]를 인가한다.
- 포텐셔미터 $R_4$를 조정하여 그 양단($R_4$)의 전압이 전원전압의 반(2.5[V])이 되도록 한다.
- ILED 입력전류와 포토 아이솔레이터 출력전류를 측정한다. ______ [mA]
- 이 회로의 입력단자(Audio Input)에 함수발진기를 연결하여 10[Vp-p], 1[Hz]~1[kHz]의 주파수를 가하고 주파수를 변화시키면서 $R_3$ 양단과 출력단자(output)의 파형을 측정하여 〈표 2-15〉에 기록한다.

〈표 2-15〉 파형측정표

| 측정위치 | $R_3$ 양단 | 출력단자(Audio Output) |
|---|---|---|
| 1[Hz] | | |
| 10[Hz] | | |
| 100[Hz] | | |
| 1[kHz] | | |

## 3. 트라이액 인터페이스 회로 구성 및 측정

저전압 제어회로의 출력을 AC 라인으로부터 구동되는 트라이액(TRIAC) 전력제어 회로의 입력 인터페이스는 포토 아이솔레이터가 매우 이상적이다.

[그림 2-49]는 그와 같은 회로로서 램프 · 히터 · 모터, 또는 기타 부하들에 대한 전력을 제어할 수 있다(이 경우 전원의 한쪽을 접지하는 것이 좋다).

[그림 2-49]의 회로에서는 트라이액의 초기 스위치 on 포인트가 60[Hz]의 전압 파형과 동기되지 않는 비동기 스위칭을 제공한다.

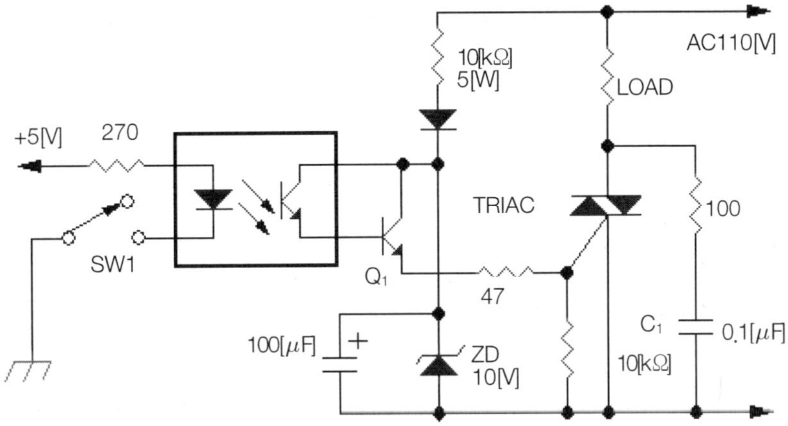


**[그림 2-49] 포토 아이솔레이터의 입력을 받는 비동기식 트라이액 전력 스위치**

- [그림 2-49]의 회로에서 TR1에 트라이액(ACD3D)을 사용하여 브레드보드에 구성하고, 부하(load)로 100[V]/60[W]용 백열전구를 연결한다.
- 이 회로에서 포토 아이솔레이터의 전원전압은 몇 [V]인가? DC :        [V]
- SW1이 개방된 상태에서 포토 아이솔레이터와 $Q_1$ 및 트라이액과 부하의 동작은 어떤 상태인가? 〈표 2-16〉에 기록한다.
- SW1이 단락된 상태에서 포토 아이솔레이터와 $Q_1$ 및 트라이액과 부하의 동작은 어떤 상태인가? 〈표 2-16〉에 기록한다.

**〈표 2-16〉 각부 동작상태표**

| 각부 동작상태 | 포토 아이솔레이터 | $Q_1$ 베이스 전압 | 트라이액 | 부 하 |
|---|---|---|---|---|
| SW1 개방 | | [V] | | |
| SW1 단락 | | [V] | | |

[그림 2-50]은 실용의 제어회로로서 포토 아이솔레이터의 입력을 받는 동기식 트라이액 전력 스위치이다. 여기서 트라이액은 부하의 특성에 맞는 품종을 선택해야 한다. 이 회로에는 모토로라가 생산하는 실리콘 집적회로 제로 전압 스위치 CA3059가 포함되어 있다. 이 IC와 포토 트랜지스터 출력 포토 아이솔레이터로 동기식 전력 스위칭을 할 수 있다.

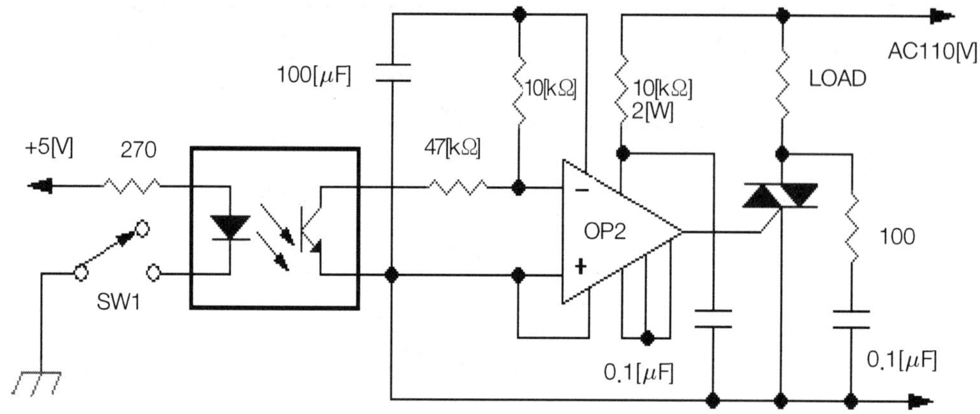


**[그림 2-50] 포토 아이솔레이터의 입력을 받는 동기식 트라이액 전력 스위치**

게이트 전류는 AC 라인의 순간전압이 수[V]의 제로 크로스오버값 이내가 될 때에만 트라이액에 가해진다.

이 동기식 스위칭 방법은 갑작스런 전력 급증을 일으키지 않으면서(또한 전선들에서의 계속적인 라디오 주파 간섭을 일으키지 않고) 전력부하를 스위치를 on할 수 있다. 이 설계는 여러 공장에서 생산되는 반도체식 릴레이 모듈에 적용되고 있다.

- [그림 2-49]의 회로에서 $Q_1$의 트랜지스터(2N3904) 회로 부분을 [그림 2-50]의 IC2의 0전위(0 voltage) 스위치 CA3059 회로 부분으로 교체하여 구성하고, 동작상태를 관찰한다.

## 4. DC-DC 포토 아이솔레이터 실험

[그림 2-51]의 DC-DC 포토 아이솔레이터 회로를 구성하여서 동작상태를 확인한다.

- TP1에 DC 0[V]~DC 10[V]의 전압을 공급하면서 TP2의 출력전압을 측정한다.

| Input | 0[V] | 1[V] | 2[V] | 3[V] | 5[V] | 7[V] | 10[V] |
|---|---|---|---|---|---|---|---|
| Output | | | | | | | |

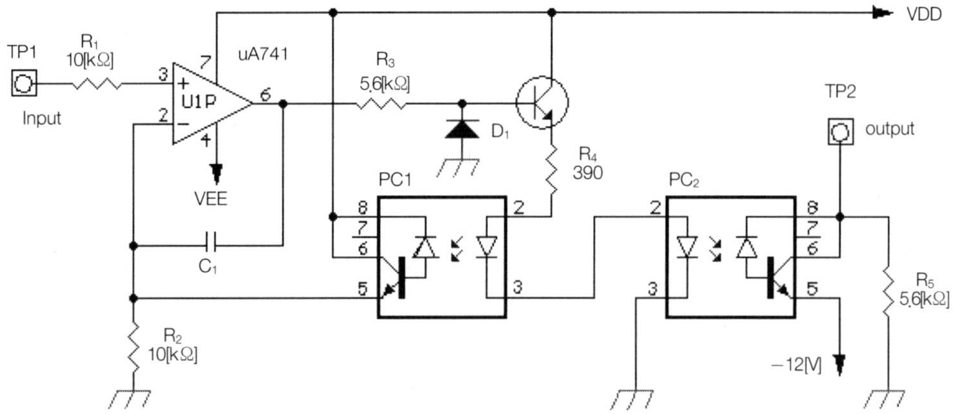


[그림 2-51] DC-DC 포토 아이솔레이터

## 5. 실험결과에 대한 토의

## 6. 실험보고서 작성

## 7. 정리정돈

| 실습 과제명 | 2-5 하이 파워 LED 구동회로 |
|---|---|
| 목 표 | ① 하이 파워 LED의 특성을 알고, 구동회로를 구성한다.<br>② 하이 파워 LED 구동회로를 설계할 수 있다.<br>③ 하이 파워 LED의 특성을 측정하고, 활용할 수 있다. |

| 장비 및 공구 | 소요재료 | 규격 | 수량 | 안전 및 유의사항 |
|---|---|---|---|---|
| - 오실로스코프<br>- LED 특성측정기<br>- 브레드보드<br>- 직류전원장치<br>- 디지털 조도계<br>- 디지털 VM<br>- 회로시험기<br>- 마이크로스코프 | IC<br><br><br>TR<br>다이오드<br><br>LED<br>저항<br>콘덴서<br>초크 | CD4017<br>NE555<br>HV9922<br>2N3904<br>1N914<br>1N4001<br>5ΦR, G, B<br>10[kΩ] 외<br>10[μF]<br>저주파용 | 1<br>1<br>1<br>4<br>8<br>5<br>40<br>4<br>1<br>1 | ① 장비 사용법을 익혀 부상과 장비 파손에 주의한다.<br>② 반도체 소자의 핀번호를 바르게 사용하여 손상이 없도록 한다.<br>③ DC 및 AC 전원을 바르게 연결하여 재료가 파손되지 않도록 한다.<br>④ 감전 등 안전에 주의한다. |

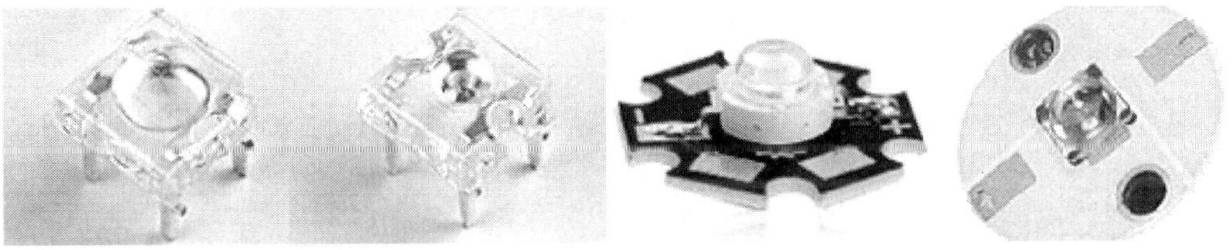

[그림 2-52] 하이 파워 LED의 외형

## 관계지식

### 1. 하이 파워 LED

하이 파워(high power) LED는 소비전력 1[W] 이상, 순방향 직류전류 350[mA], 순방향 펄스전류 1[A] 이상의 초고휘도 LED로서 주로 R, G, W의 색을 발광한다. 하이 파워 LED의 용도는 주로 카메라 셀 폰(cell phone), 디지털 카메라, 자동 조명장치, TFT LCD 백라이트, 건물 내외부 조명장치, 인테리어용 조명장치 등이며, 모든 조명장치로 확대되고 있다.

[그림 2-52]에 하이 파워 LED의 외형을 나타내었다.

### 2. 저 항

[그림 2-53]과 같은 AC 구동 고휘도 LED 점등회로에서 브리지 정류회로에 AC 120[V]를 가하면 직류전압 170[V] 정도가 출력된다.

LED 1개의 전류용량을 20[mA], 순방향 전압을 3[V]로 하면 25개의 LED 양단 전압강하는 75[V]가 된다. 170에서 75를 빼면 95가 되고 95[V]가 저항 양단에 걸리게 되므로 이때 저항값은 95/0.02＝4750, 즉 4.7[kΩ]가 된다.

이 저항에서 소비되는 전력은 $I^2R = 1.88$[W]이므로 대략 2[W] 4.7[kΩ] 저항을 사용한다.

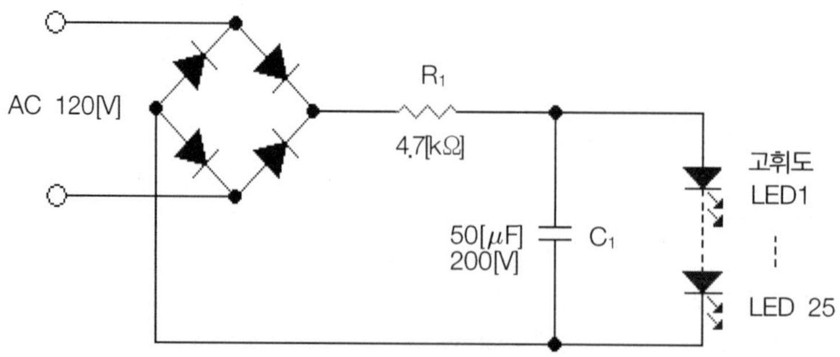


[그림 2-53] AC 구동 고휘도 LED 점등회로

## 3. IC의 응용분야

[그림 2-54]는 하이 파워 LED 구동용 IC HV9922/21/을 사용한 구동회로이다. 출력전류는 HV9921가 20[mA], HV9922가 50[mA]이며, 교류 전원전압은 80[V]~264[V], 직류 전원전압은 20[V]~450[V]이다.

이 IC의 응용분야는 LED 사인 및 디스플레이, 산업용 조명, 건축조명, 대체 백열등, 저전력 조명시설 등이다.

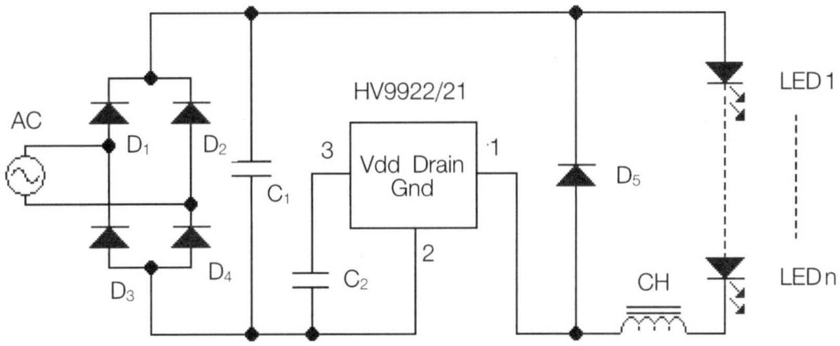


**[그림 2-54] 하이 파워 LED 구동 전용 IC 회로**

## 4. 종 류

시판되고 있는 5W급 파워 LED는 입력 전원전압(input voltage)이 AC/DC12[V] 600[mA]용이 있다. [그림 2-55]는 여러 가지 색광의 5W급 파워 LED의 발광상태를 보였다.

**[그림 2-55] 5W급 파워 LED의 발광상태**

## 5. Hysterectic Boost-Buck LED Driver IC

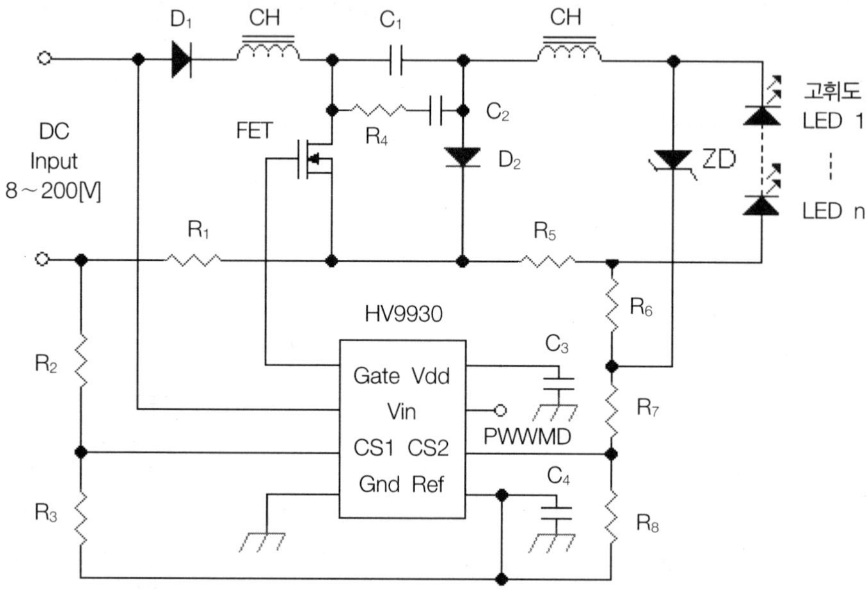


**[그림 2-56] 자동차 헤드라이트용 드라이버**

Hysterectic Boost-buck LED Driver IC는 [그림 2-56]의 회로와 같이 자동차 헤드라이트(headlight), 미등(tail light), 시그널 라이트(signal light), 돔 라이트(dome light), RGB 백라이트(backlight) 등의 용도로 사용할 수 있다.

## 6. 차세대 광원 LED

기존 광원에 비해 에너지 절감 효과가 뛰어나고, 거의 반영구적으로 사용할 수 있는 차세대 광원인 LED가 서서히 그 빛을 발하고 있다. LED의 한계였던 휘도(밝기) 문제가 최근 크게 개선되면서 응용시장이 산업 전반으로 확산, 본격적인 LED 시대를 예고하고 있다.

LED의 강점은 여러 가지가 있지만 특히 에너지 소비량이 기존 백열전구보다 단 10분의 1에 불과하다는 것이 특징이다. 단점이라면 휘도가 다소 떨어진다는 점이다. 그러나 관련기술과 원재료 기술이 급속하게 발전함으로써 휘도 개선이 눈에 띄게 이루어지고 있다.

## • 실습순서 •

1. [그림 2-53]과 같은 고휘도 LED 구동회로를 구성하고 동작을 확인한다. 또 LED 개수를 50개로 조정하였을 때 회로를 설계하고, LED를 하이 파워 LED로 교체할 경우 허용전류가 350[mA]이면 회로 요소를 어떻게 해야 하는지 설계하시오.
2. [그림 2-54]의 회로와 [그림 2-56]의 회로를 구성하고, 동작을 확인한다.
3. [그림 2-57]과 같은 채널 LED 스펙트럼 회로를 구성하고 동작을 확인한 후 동작 내용을 설명한다.
4. [그림 2-58]과 같은 40 LED 바이사이클 라이트(bicycle light) 회로를 구성하고, 동작을 확인한 후 동작내용을 설명한다.

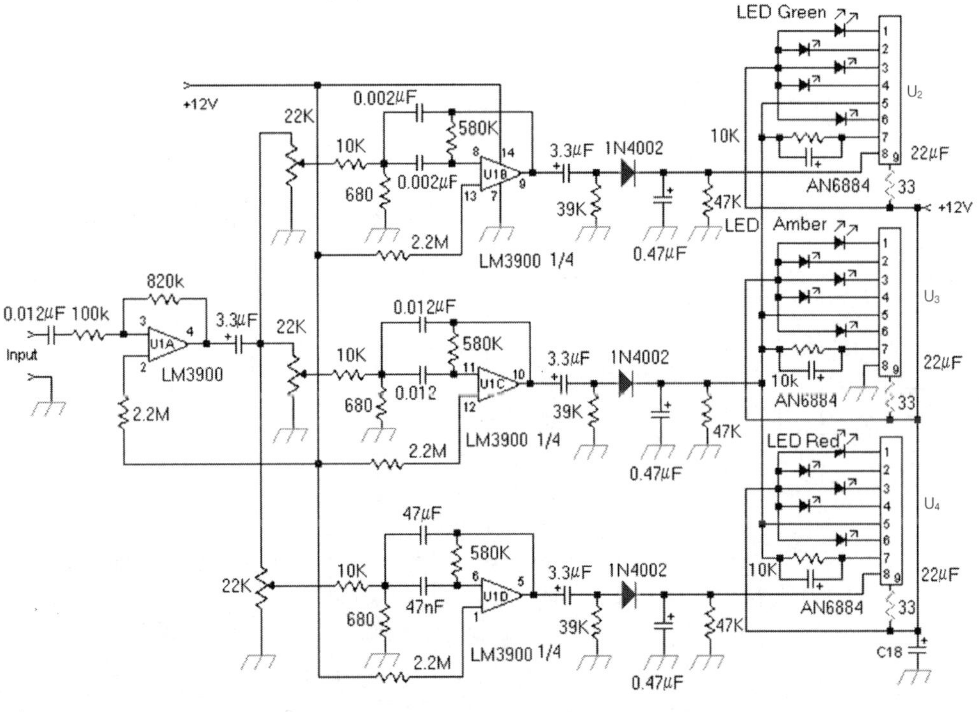


**[그림 2-57] 채널 LED 스펙트럼**

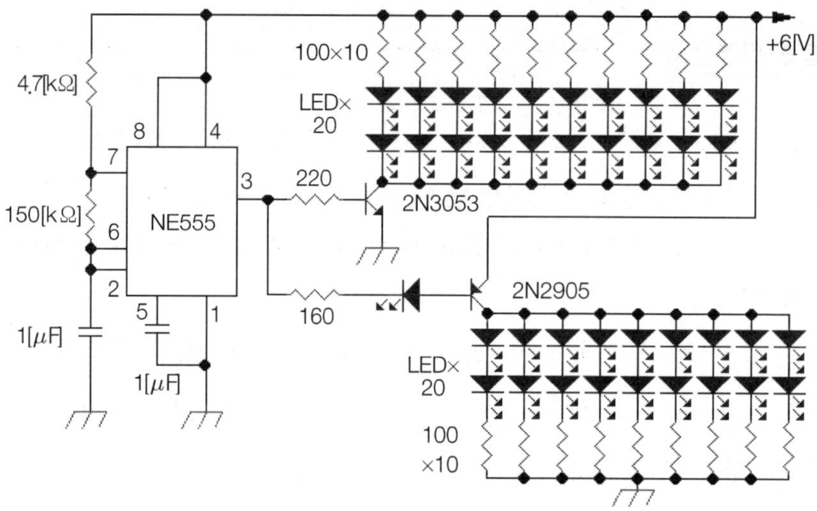


**[그림 2-58] 40 LED 바이사이클 라이트**

**5.** [그림 2-59]의 LED 트래픽 라이트 컨트롤러(traffic light controller)를 구성하고, 회로의 동작을 설명한다.

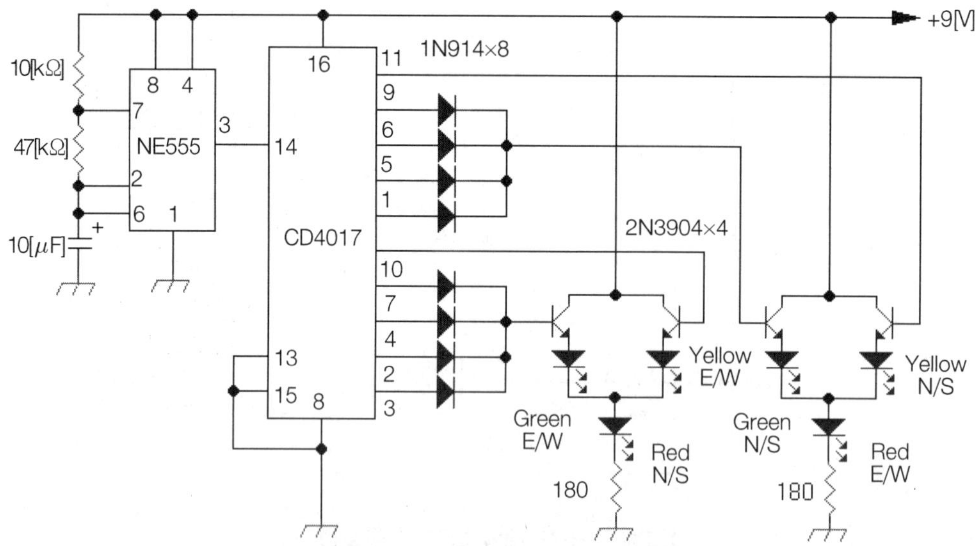


**[그림 2-59] LED 트래픽 라이트 컨트롤러**

## 6. 실험결과에 대한 토의

## 7. 실험보고서 작성

## 8. 정리정돈

| 실습 과제명 | 2-6 7-세그먼트 LED 구동회로 |
|---|---|
| 목 표 | ① 7-세그먼트 LED의 특성을 알고, 구동회로를 구성한다.<br>② 7-세그먼트 LED 구동회로를 설계할 수 있다.<br>③ 7-세그먼트 LED의 특성을 측정하고, 활용할 수 있다. |

| 장비 및 공구 | 소요재료 | 규격 | 수량 | 안전 및 유의사항 |
|---|---|---|---|---|
| – 오실로스코프 | IC | SN7490 | 1 | ① 장비 사용법을 익혀 부상 |
| – LED 특성측정기 | IC | SN7447 | 1 | 과 장비 파손에 주의한다. |
| – 브레드보드 | IC | MAX232 | 1 | ② 반도체 소자의 핀번호를 |
| – 직류전원장치 | IC | SCD447 | 1 | 바르게 사용하여 손상이 |
| – 디지털 조도계 | IC | DS1307 | 1 | 없도록 한다. |
| – 디지털 VM | IC | 8051 | 1 | ③ DC 및 AC 전원을 바르게 |
| – 회로시험기 | 7SEGMENT | FND500 | 1 | 연결하여 재료가 파손되 |
| – 마이크로스코프 | X-TAL | 32.768[kΩ] | 1 | 지 않도록 한다. |
| | X-TAL | 11[MHz] | 1 | ④ 감전 등 안전에 주의한다. |
| | 저항 | 10[kΩ] 외 | 9 | |

[그림 2-60] 7-세그먼트 LED 디스플레이의 외형과 구조

## 관계지식

LED를 [그림 2-60]과 같이 배열하여 숫자를 표시하게 되는데, 각 세그먼트(a, b, c, d, e, f, g)에 순방향 바이어스를 공급하게 되면 원하는 숫자를 0~9까지 표시할 수 있다.

저휘도용 LED는 1.7~3.3[V]의 전압 레벨에서 동작하며, 응답시간이 나노초(nano second : ns) 정도로 빠르다. 각 세그먼트에는 10~20[mA] 정도의 전류가 흐르도록 전류제한 저항을 연결하여 사용한다.

### 1. 공통 캐소드형 LED 디스플레이

[그림 2-61]과 같이 다이오드의 캐소드측을 공통단자로 사용하는 7-세그먼트 LED 디스플레이로 대표적으로 사용하는 것은 FND 500이며, SN7448 디코더 · 드라이버 출력에 의하여 애노드 단자에 'H'가 인가될 때 해당 LED 세그먼트가 점등된다.

여기서 FND란 Fairchild Numeric Display의 약어로서 페어차일드의 뉴메릭 디스플레이(numeric display)를 의미한다.

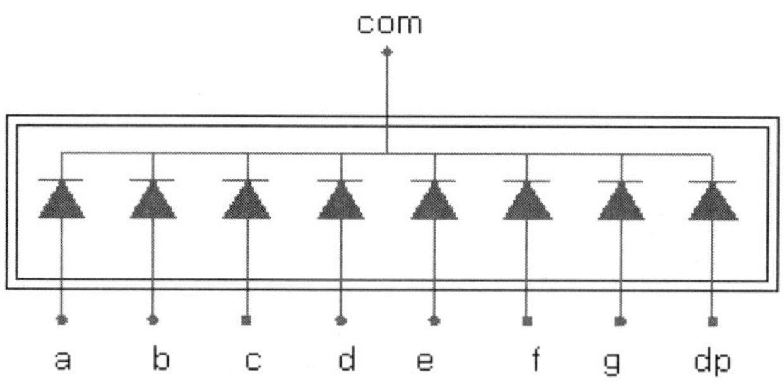


[그림 2-61] 공통 캐소드형

## 2. 공통 애노드형 LED 디스플레이

[그림 2-62]와 같이 다이오드의 애노드측을 공통 단자로 사용하는 7-세그먼트 LED 디스플레이로 대표적으로 사용하는 것은 FND507이며, SN7447 디코더 · 드라이버 출력에 의하여 캐소드 단자에 'L'이 인가될 때 해당 LED 세그먼트가 점등된다.

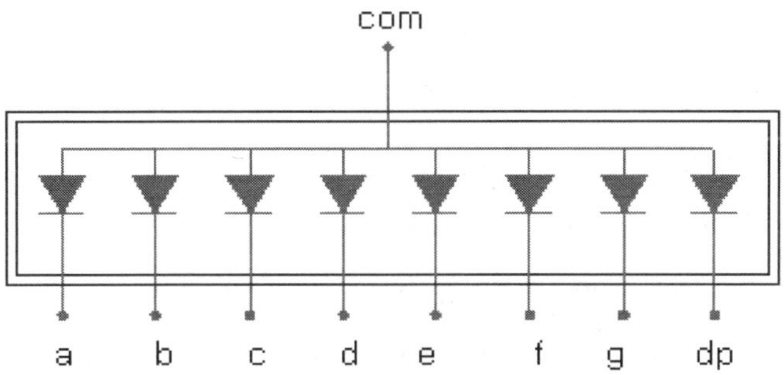


**[그림 2-62] 공통 애노드형**

[그림 2-63]의 SN7448은 7-세그먼트 디코더 · 드라이브 IC이며, 출력이 'H' 레벨이므로 공통 캐소드형(common-cathode type) 디스플레이(예 FND500)를 사용해야 한다.

디스플레이의 모든 세그먼트를 점등상태라고 하고, BCD 코드 입력상태에 따라 불필요한 세그먼트만을 골라 소등하도록 한다.

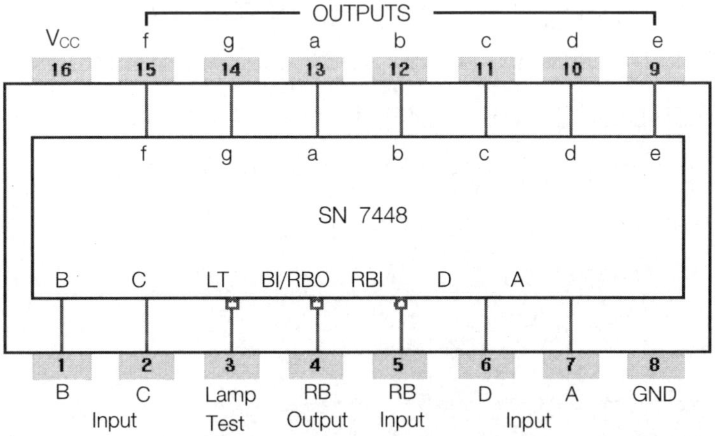


**[그림 2-63] SN7448의 핀 접속도**

① BI/RBO는 블랭킹 입력(BI), 또는 리플 블랭킹 출력(RBO)으로 동작하는 와이어드(wired) AND 로직(logic)이다. 0～15의 출력기능을 필요로 하는 경우에는 블랭킹 입력(BI)을 개방하거나 'H' 레벨로 유지하여야 한다. 또 10진 영(0)을 필요로 하지 않는 경우에는 리플 블랭킹 입력(RBI)을 개방하거나 'H' 레벨을 유지하여야 한다.

② 블랭킹 입력에 'L' 레벨이 가해졌을 때는(강제 레벨) 다른 조건과는 관계없이 모든 세그먼트의 출력이 'L' 레벨이 된다.

③ 램프 테스트 입력(LT)이 'H' 레벨이고, 리플 블랭킹 입력(RBI)과 입력 A, B, C, D가 'L' 레벨일 때 모든 세그먼트의 출력이 'L'이 되고, 리플 블랭킹 출력(RBO)은 'L' 레벨이 된다(응답 레벨).

④ 블랭킹 입력, 리플 블랭킹 출력(BI/RBO)이 개방 또는 'H' 레벨로 유지되고 있는 경우, 램프 테스트 입력에 'L' 레벨이 가해지면 모든 세그먼트의 출력이 'H' 레벨로 된다. SN74LS48은 10진 디코더 IC로서 LED 7-세그먼트(=FND)를 구동시킨다.

SN74192의 출력(BCD)을 입력받아 7-세그먼트 출력신호를 FND에 공급하여 DIP SW에 의해 설정된 수까지 up/down 카운트 동작을 한다.

SN74LS48은 SN74LS192의 10진 카운터 출력을 입력받아 해당 출력을 'H' 레벨로 하는 10진 디코더 회로의 역할을 한다. 저항 330[Ω]은 전류를 제한하여 FND를 보호한다.

여기서 저항 330[Ω]은 모든 LED 세그먼트에 공통으로 연결되어 있기 때문에 '1'의 숫자를 표시할 겨우 LED b, c 세그먼트에만 전류가 흐르고, '8'의 숫자를 표시할 경우 모든 LED 세그먼트에 전류가 흐르므로 FND의 각 LED 세그먼트에 흐르는 전류가 차이가 있다. 이로 인해 숫자에 따라서 그 밝기가 달라지는 결점이 있다.

〈표 2-17〉 SN74LS48의 10진 디코더와 FND500의 표시 관계

| 펄스 수 | SN74LS48 입력 | | | | SN74LS48 출력 | | | | | | | FND500 |
|---|---|---|---|---|---|---|---|---|---|---|---|---|
| | D | C | B | A | a | b | c | d | e | f | g | 표시 |
| 0 | L | L | L | L | H | H | H | H | H | H | L | 0 |
| 1 | L | L | L | H | L | H | H | L | L | L | L | 1 |
| 2 | L | L | H | L | H | H | L | H | H | L | H | 2 |
| 3 | L | L | H | H | H | H | H | H | L | L | H | 3 |
| 4 | L | H | L | L | L | H | H | L | L | H | H | 4 |
| 5 | L | H | L | H | H | L | H | H | L | H | H | 5 |
| 6 | L | H | H | L | L | L | H | H | H | H | H | 6 |
| 7 | L | H | H | H | H | H | H | L | L | L | L | 7 |
| 8 | H | L | L | L | H | H | H | H | H | H | H | 8 |
| 9 | H | L | L | H | H | H | H | L | L | H | H | 9 |

**• 실습순서 •**

1. [그림 2-64]와 같이 다이오드 매트릭스회로를 이용한 7-세그먼트 LED 구동회로를 구성하여 SW 조작에 따라 해당 숫자가 7-세그먼트 LED에 표시되는지 확인한다.

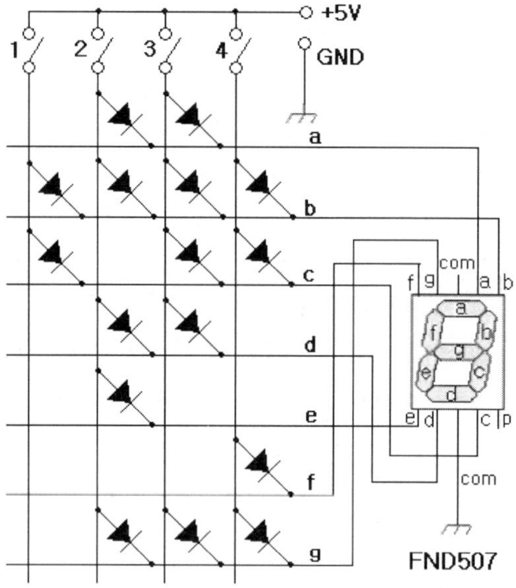


[그림 2-64] 다이오드 매트릭스회로

**2.** [그림 2-65]의 7-세그먼트 구동회로의 BCD 입력 스위치를 변화시켜 7-세그먼트에 표시되는 숫자를 〈표 2-18〉에 기입한다.

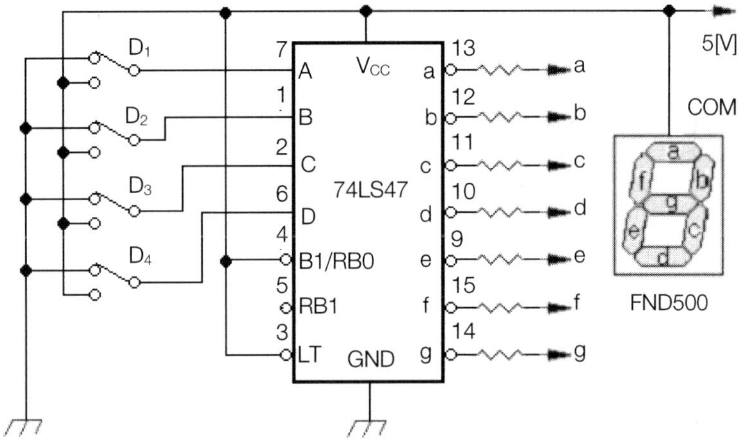


**[그림 2-65] 7-세그먼트 구동회로**

**〈표 2-18〉 7-세그먼트 디코더 결과표**

| 7-세그먼트 숫자 | BCD | 제어입력 | 7-세그먼트 숫자 | BCD | 제어입력 | 7-세그먼트 숫자 |
|---|---|---|---|---|---|---|
| | DCBA | $\overline{gfedcba}$ | | DCBA | $\overline{gfedcba}$ | |
| 0 | 0000 | 1000000 | | 0101 | 0010010 | |
| 1 | 0001 | | 6 | 0110 | | 6 |
| | 0010 | 0100100 | 7 | 0111 | 1111000 | 7 |
| 3 | 0011 | 0110000 | | 1000 | 0000000 | |
| 4 | 0100 | | 9 | 1001 | 0011000 | 9 |

**3.** [그림 2-65]의 7-세그먼트 구동회로의 BCD 입력 스위치를 변화시켜 7-세그먼트에 표시되는 숫자에 따른 7447의 출력 $\overline{gfedcba}$ 의 논리값을 〈표 2-18〉에 기입한다.

**4.** [그림 2-66]의 10진 카운터 회로를 구성하고, 7-세그먼트 동작을 확인한다.

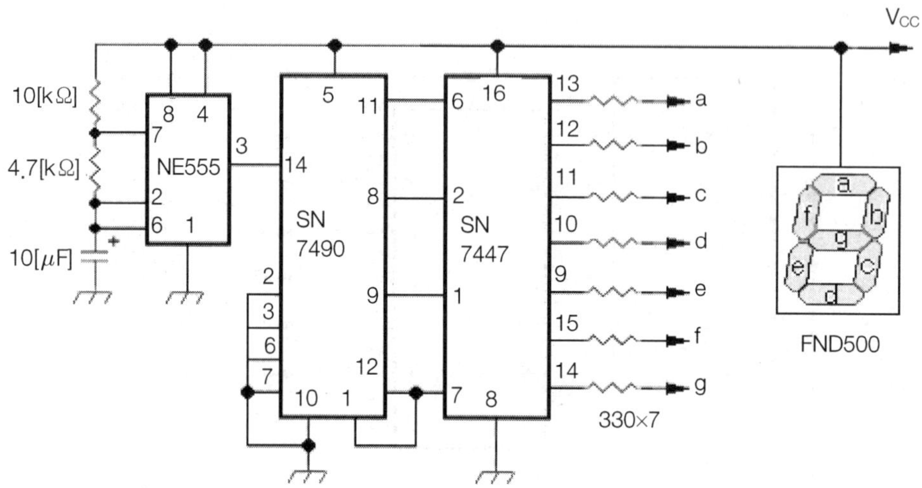


**[그림 2-66] MOD-10 카운터**

## 5. 실험결과에 대한 토의

## 6. 실험보고서 작성

## 7. 정리정돈

# 제 3 장

# LED 구동 드라이브 회로 실험실습

### 실험목표

- OP AMP를 이용한 LED 드라이브 회로를 구성할 수 있다.
- LED를 이용한 플래시라이트(flashlight)를 구성할 수 있다.
- 스위치 모드 드라이브 회루를 구성할 수 있다.

### 실험과제

3-1 OP AMP을 이용한 LED 드라이브 회로
3-2 LED 플래시라이트 드라이브 회로
3-3 스위치 모드 드라이브 회로
3-4 LED 표시소자 드라이브 회로

| 실습 과제명 | **3-1 OP AMP를 이용한 LED 레벨 지시회로** | | | |
|---|---|---|---|---|
| 목 표 | ① OP AMP를 이용한 LED 드라이브 회로를 구성할 수 있다.<br>② LED 레벨 지시회로의 동작을 설명할 수 있다. | | | |
| 장비 및 공구 | 소요재료 | 규격 | 수량 | 안전 및 유의사항 |
| - 디지털 VM<br>- 전류계<br>- 브레드보드<br>- 직류전원장치 | IC | LM311 | 5개 | ① 장비 사용법을 익혀 부상과 장비 파손에 주의한다.<br>② 소자의 핀번호를 바르게 사용하여 손상이 없도록 한다.<br>③ DC 및 AC 전원을 바르게 연결하여 재료가 파손되지 않도록 한다. |
| | LED | SA5311 | 5개 | |
| | 저항 | 1[kΩ] | 5개 | |
| | 저항 | 220 | 5개 | |
| | 저항 | 10[kΩ] | 1개 | |
| | 저항 | 100[kΩ] | 1개 | |
| | 가변저항 | 50[kΩ] | 1개 | |
| | 다이오드 | 1N914 | 5개 | |

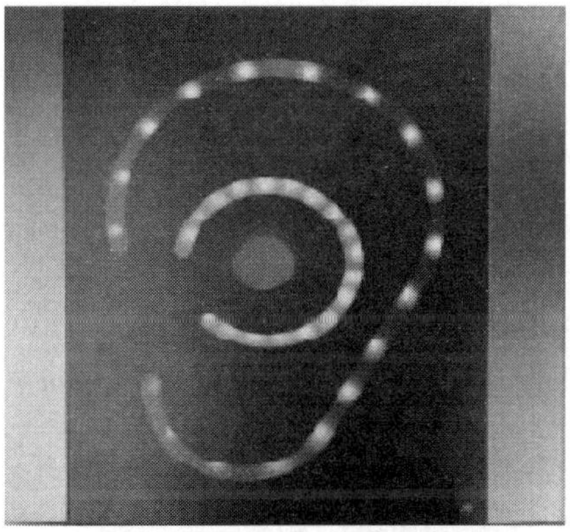

[그림 3-1] LED 레벨 지시기

## 관계지식

### 1. 비교기

비교기(comparator)란 두 개의 입력신호의 크기를 비교하고 두 입력의 대소에 따라 하나의 출력을 얻어내는 회로로서 일명 레벨 검출기(level detector)라 하며, 신호 검출기, 레벨 비교기, 펄스폭 변조(PWM), 슈미트 트리거 회로에 주로 사용된다.

대표적인 IC는 LM311, LM339이다.

### 2. 비교기의 원리

비교기의 원리는 [그림 3-2]와 같이 $V_1$과 $V_2$ 중 어느 쪽이 큰가를 판정한 다음 증폭하여 출력시키는 기능을 가지고 있다.

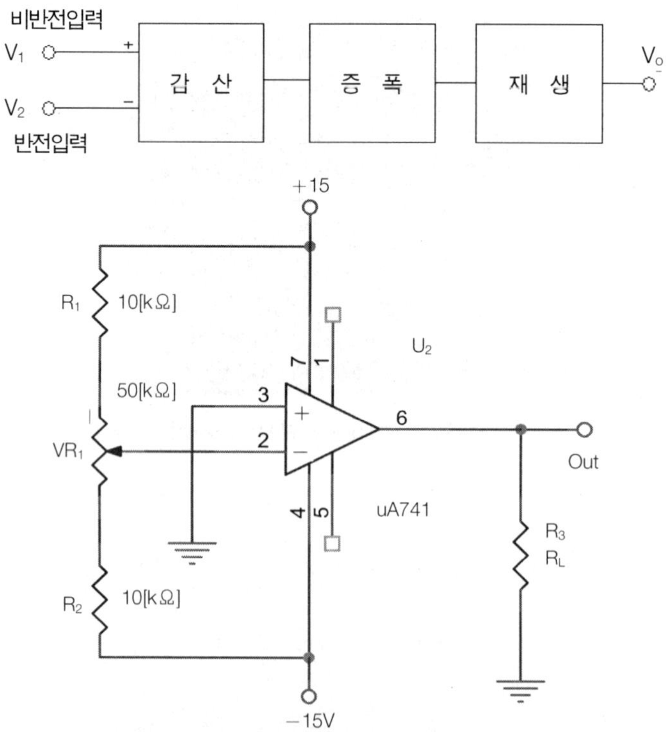


**[그림 3-2] 비교기의 원리**

출력전압( $V_o$ )은 비반전입력( $V_1$ ) 신호가 반전입력 신호( $V_2$ )보다 조금만 더 크더라도 '+'의 전원전압에 도달하며 비반전 입력( $V_1$ ) 신호가 반전입력 신호( $V_2$ )보다 조금이라도 적으면 '−'의 전원전압에 도달한다. 즉,

$$V_1 < V_2 = V_2$$

$$V_1 > V_2 = V_1$$

가 출력된다.

## 3. 비교기의 정귀환

입력신호에 잡음이 포한될 경우에는 잡음의 영향으로 원치 않은 위치에서 출력이 반전되어 희망하는 비교기로서의 동작을 기대할 수 없기 때문에 출력의 일부를 비반전 입력단자로 되돌리는 정귀환(positive feedback)을 실시하면 이러한 잡음의 영향을 제거할 수 있다.

[그림 3-3]은 비교기의 정귀환 회로이다. 비반전 단자에 정궤환한 전압이 인가되고 반전단자에 입력신호가 인가되는 반전형 영전위 비교기로 입력신호의 극성에 따라 출력전압은 +포화전압, 또는 −포화전압이 나타나게 되며, 이 포화전압이 저항 $R_n$과 $R$에 의해 입력으로 귀환된다.

만일 $V_i < 0$일 때 출력은 +포화( $+V_{\mathrm{sat}}$ )이 되므로 이때 비반전 입력단자로의 귀환전압의 극성도 +이므로 이 전압을 상측 경계전압(upper threshold voltage : $V_{\mathrm{UT}}$ )라 하며, 반대로 $V_i > 0$일 때 출력은 −포화전압( $-V_{\mathrm{sat}}$ )이고, 이때의 귀환전압이 −이므로 이 전압을 하측 경계전압(lower threshold voltage : $V_{\mathrm{LT}}$ )이라 한다. 따라서 $V_{\mathrm{UT}}$와 $V_{\mathrm{LT}}$를 계산하면

$$V_{\mathrm{UT}} = \frac{R}{R_n + R} \times (+V_{\mathrm{sat}})$$

$$V_{\mathrm{LT}} = \frac{R}{R_n + R} \times (-V_{\mathrm{sat}})$$

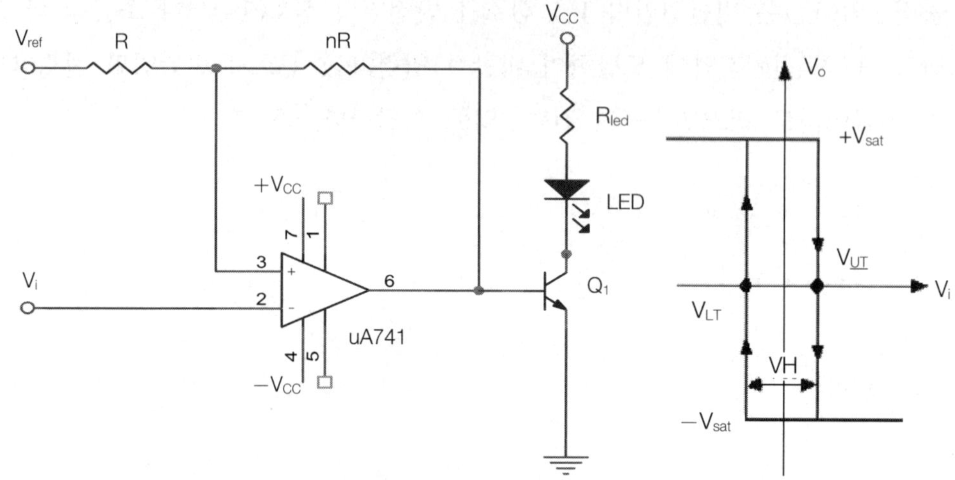


**[그림 3-3] 비교기의 정궤환**

이 된다.

따라서 $V_i < 0$일 때의 출력이 $+V_{sat}$, 귀환전압이 $V_{UT}$이므로 출력이 $-V_{sat}$으로 반전되기 위해서는 입력신호($V_i$)의 크기가 VUT 이상이어야 하며, $V_i > 0$일 때의 출력은 $-V_{sat}$, 귀환전압이 $V_{LT}$이므로 출력이 $+V_{sat}$으로 반전되기 위해서는 입력신호($V_i$)의 크기가 $V_{LT}$ 이하이어야 한다.

따라서 $V_{UT}$와 $V_{LT}$ 사이의 신호변화는 출력에 영향을 미치지 못하기 때문에 잡음의 크기가 $(V_{UT} - V_{LT})$보다 적을 때는 잡음의 영향이 제거된다.

## 4. 슈미트 트리거 회로

입력신호(정현파 · 삼각파 · 톱니파 등)를 구형파 출력으로 변환시키는 회로를 슈미트 트리거(Schmitt trigger) 회로라 하며, 전달특성이 일반적으로 비교기와 일치한다.

그러나 비교기와의 차이점은 비교기에 사용되는 저항의 비가 큰데 반하여 슈미트 트리거에 사용되는 저항은 거의 비슷하다는 점이다.

또한, 저항비가 크지 않을 경우에 비반전형 슈미트 트리거를 이용하면 희망하는 전압에서 출력이 반전되지 않는 이유 때문에 비반전형은 잘 사용되지 않는다.

[그림 3-4]는 슈미트 트리거 회로로서 전단이 전압 폴로워이므로 비반전 입력전

압은 $V_{ref}$와 같다.

입력전압 $V_i$가 $V_{ref}$보다 작으면 출력 $V_o = +V_{sat}$이 되고, $V_i$가 $V_{ref}$보다 작으면 출력 $V_o = -V_{sat}$가 된다.

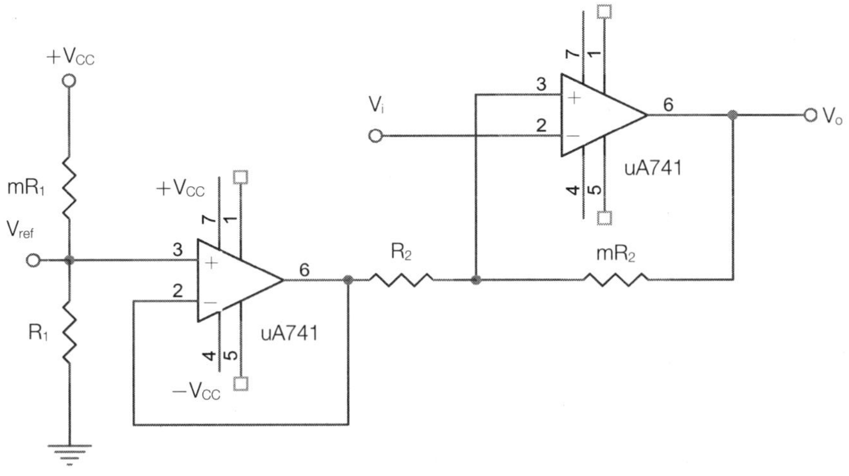


**[그림 3-4] 슈미트 트리거 회로**

• 실습순서 •

## 1. 비반전 비교기

$$V_i < V_{ref} \text{ 일 때 } V_o = -V_{sat}$$

$$V_i > V_{ref} \text{ 일 때 } V_o = +V_{sat}$$

위 조건에서와 같이 $V_i$가 $V_{ref}$보다 작으면 출력 $V_o = -V_{sat}$이 되어 LED가 off 상태, $V_i$가 $V_{ref}$보다 크면 출력 $V_o = +V_{sat}$ LED가 on 상태가 된다.

① 회로를 [그림 3-5]와 같이 결선한다.

② 전원을 연결할 때 가변저항의 저항값에 따라 LED가 on 또는 off된다. 만일 LED가 on이면 가변저항을 LED가 off가 될 때까지 조절한다.

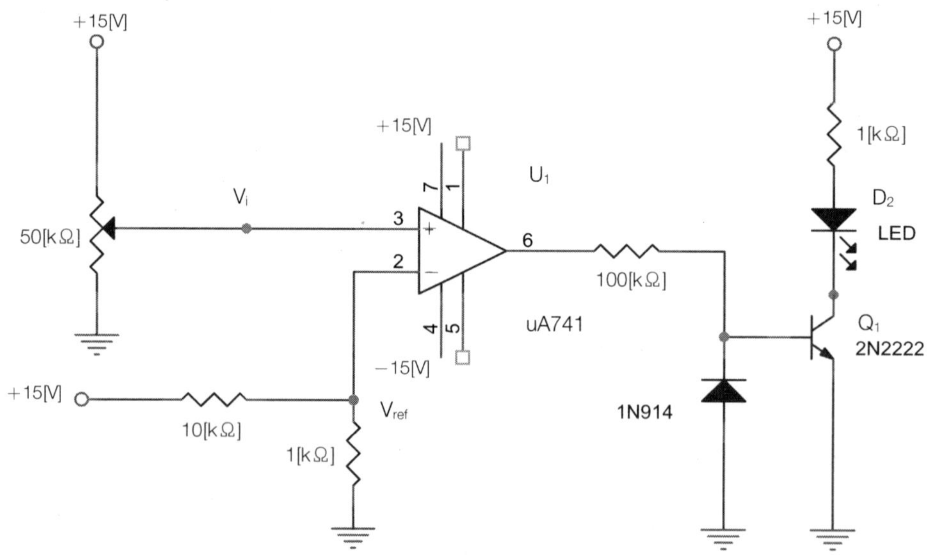


[그림 3-5] 비반전 비교기

③ 오실로스코프를 사용하여 OP AMP의 핀 2의 전압을 측정하여 〈표 3-1〉에 기록한다.

④ 오실로스코프를 uA741 OP AMP의 핀 3에 연결한 후 가변저항을 LED가 on 될 때까지 변화시키고, 그 전압($V_i$)을 측정하여 〈표 3-1〉에 기록한다.

⑤ $V_{ref}$와 $V_i$의 값을 비교하여 〈표 3-1〉에 기록한다.

**〈표 3-1〉 $V_{ref}$와 $V_i$의 비교**

| | |
|---|---|
| $V_{ref}$ | [V] |
| $V_i$(LED on) | [V] |
| $V_{ref}$와 $V_i$의 비교 | |

⑤ 전원을 제거하고 〈표 3-2〉에 따라 $V_{ref}$ 저항 10[kΩ]을 변화시켜 실험 "③"과 "④"의 과정을 반복하여 비반전 비교기의 동작을 확인한다.

**〈표 3-2〉 $V_{ref}$ 저항 변화에 따른 $V_{ref}$와 $V_i$의 비교**

| $V_{ref}$ 저항, [kΩ] | $V_{ref}$ | $V_i$(LED on) |
|---|---|---|
| 1 | [V] | [V] |
| 2 | [V] | [V] |
| 6.8 | [V] | [V] |

## 2. LED 레벨 지시회로 동작 확인

① 회로를 [그림 3-6]과 같이 결선한다.

② 가변저항 VR1을 조절하여 E점의 전압이 5[V]가 되도록 조절한다.

③ OP AMP A1, A2, A3, A4, A5의 입력전압 A점, B점, C점, D점, E점의 전압을 측정하여 〈표 3-3〉에 기록한다.

**〈표 3-3〉 각 OP AMP의 입력전압**

| OP AMP | A점 | B점 | C점 | D점 | E점 |
|---|---|---|---|---|---|
| 전압([V]) | | | | | |

④ 가변저항 VR1을 조절하여 E점의 전압이 6[V]가 되도록 조절한다.

⑤ OP AMP A1, A2, A3, A4, A5의 입력전압 A점, B점, C점, D점, E점의 전압을 측정하여 〈표 3-4〉에 기록한다.

**〈표 3-4〉 각 OP AMP의 입력전압**

| OP AMP | A점 | B점 | C점 | D점 | E점 |
|---|---|---|---|---|---|
| 전압([V]) | | | | | |

⑥ 가변저항 VR1을 조절하여 E점의 전압이 5[V]가 되도록 조절한다.

⑦ 기준전압($V_i$)을 〈표 3-5〉와 같이 변화시키면서 LED의 점등상태를 기록한다.

〈표 3-5〉 LED 점등결과

| 입력전압($V_i$) | LED 1 | LED 2 | LED 3 | LED 4 | LED 5 |
|---|---|---|---|---|---|
| 1[V] | | | | | |
| 1.5[V] | | | | | |
| 2[V] | | | | | |
| 2.5[V] | | | | | |
| 3[V] | | | | | |
| 3.5[V] | | | | | |
| 4[V] | | | | | |
| 4.5[V] | | | | | |
| 5[V] | | | | | |
| 6[V] | | | | | |
| 7[V] | | | | | |
| 8[V] | | | | | |

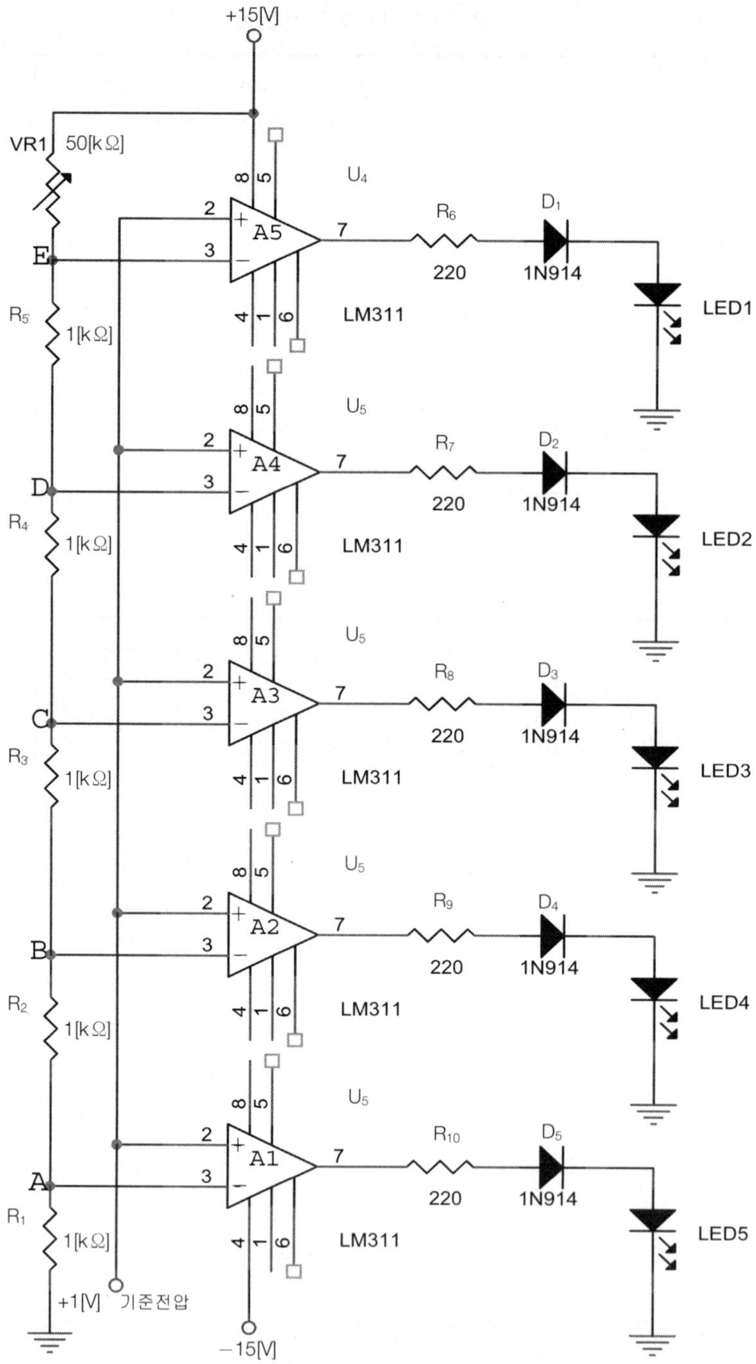


**[그림 3-6] LED 레벨 지시회로**

## 3. 실험결과에 대한 토의

## 4. 실험보고서 작성

## 5. 정리정돈

| 실습 과제명 | 3-2 LED 플래시라이트 드라이브 회로 | | | |
|---|---|---|---|---|
| 목 표 | ① LED를 이용한 플래시라이트를 구성할 수 있다.<br>② LED의 다양하게 응용할 수 있다. | | | |
| 장비 및 공구 | 소요재료 | 규격 | 수량 | 안전 및 유의사항 |
| - 디지털 VM<br>- 브레드보드<br>- 직류전원장치 | TR<br>TR<br>LED<br>저항<br>저항<br>콘덴서<br>코일<br>스위치 | A1015<br>C1815<br>White LED<br>3.5[kΩ]<br>10[kΩ]<br>680[pF]<br>100[μH]<br>2C2P | 1개<br>1개<br>1개<br>1개<br>1개<br>1개<br>1개<br>1개 | ① 장비 사용법을 익혀 장비 파손에 주의한다.<br>② 소자의 핀번호를 바르게 사용하여 손상이 없도록 한다.<br>③ DC 및 AC 전원을 바르게 연결하여 재료가 파손되지 않도록 한다. |

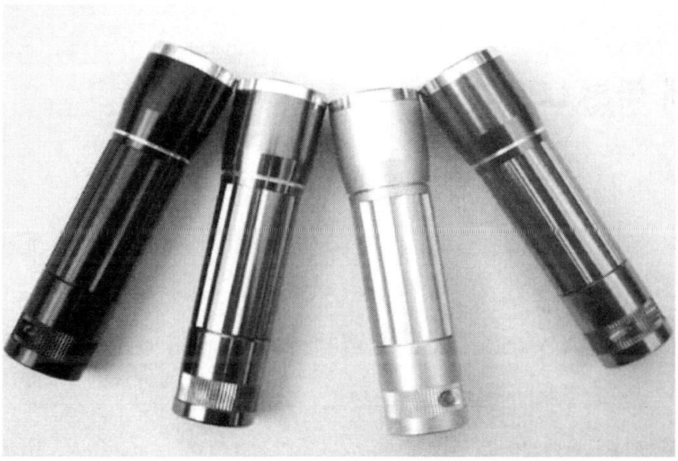

**[그림 3-7] LED 플래시라이트 외형**

## 관계지식

### 1. LED 광원

기존 광원에 비해 에너지 절감 효과가 뛰어나고 거의 반영구적으로 사용할 수 있는 차세대 광원 LED가 서서히 그 빛을 발하고 있다. LED의 한계였던 휘도(밝기) 문제가 최근 크게 개선되면서 응용시장이 산업 전반으로 확산, 본격적인 LED 시대를 예고하고 있다.

LED는 초창기에는 낮은 휘도와 색깔의 한계가 있었으나 현재 새로운 LED 원재료와 진보된 생산기술로 백색을 포함한 가시광선 영역의 모든 색깔의 고휘도 LED가 생산되고 있으며, 이러한 고휘도 · 고효율, 그리고 다양한 색깔의 LED는 이미 선진국 및 국내에서 대형 전광판, 비상구등, 교통신호등, 승용차와 트럭의 각종 표시등에 응용되고 있어 향후 우리가 일상생활에서 접하는 기존 광원을 결국은 대체할 것으로 전망하고 있다.

### 2. 파장에 따른 LED의 종류

LED에서 방출하는 빛의 색깔은 반도체 칩 구성원소의 배합에 따라 파장을 만들며, 이러한 파장이 빛의 색깔을 결정짓는다. 현재 고휘도 LED에 주로 사용하는 Aluminium Gallium Indium Phosphide(AlGaInP) 칩에서는 Red부터 Amber(황색)까지, Indium Gallium Nitride(InGaN) 칩에서는 Blue와 Green, 그리고 Blue 칩에 Phosphor 기술을 접목하여 White LED를 가능하게 한다.

[그림 3-8]은 가시광선 스펙트럼으로 각각의 색깔에 해당하는 파장을 보여주고 있는데 Red에 가까울수록 긴 파장을, 보라에 가까울수록 짧은 파장을 나타내며, 파장이 짧을수록 좀더 많은 에너지가 필요하다.

| Color | 파장[nm] | Color | 파장[nm] |
|---|---|---|---|
| Violet | 400～430[nm] | Amber(황) | 590～595[nm] |
| Blue | 430～480[nm] | Orange | 600～615[nm] |
| Green | 490～530[nm] | Orange-Red | 620～640[nm] |
| Yellow | 550～580[nm] | Red | 645～700[nm] |

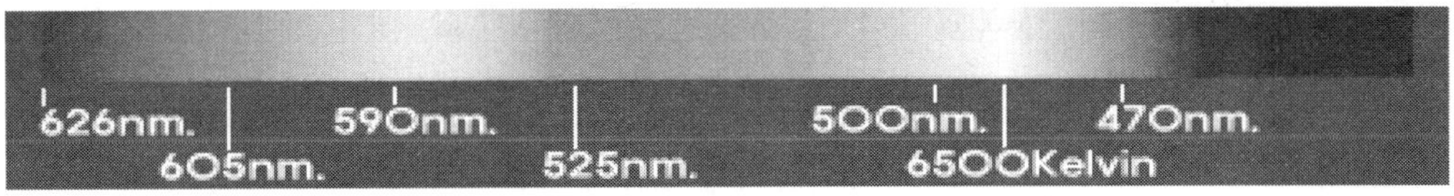


[그림 3-8] 가시광선 스펙트럼

## 3. LED 광원의 특징

단파장의 발광 다이오드는 환경 친화적이고 안전한 '새로운 고체소자 조명광원'으로서 21세기를 향하여 그 실용화가 기대되며, 그 특징은 다음과 같다.

① 광변환 효율이 높기 때문에 소비전력이 매우 적다(전구의 1/5, 형광등의 1/2).

② 작은 광원이기 때문에 소형화 · 박형화 · 경량화를 할 수 있다.

③ 수명이 반영구적이다.

④ 열적 방전적 발광이 아니기 때문에 예열시간이 불필요하며 점등 · 소등 속도가 매우 빠르다(100만 배).

⑤ 점등회로 · 구동장치 등의 기구를 간이로 할 수 있어 부속품이 적게 든다.

⑥ 가스(gas), 필라멘트(filament)가 없기 때문에 충격에 강하고 안전하다.

⑦ 안정적인 직류 점등방식을 위한 소비전력이 적고 고(高)반복, 펄스(pulse) 동작이 가능하고, 또한 시신경의 피로를 적게 느끼게 한다.

⑧ 인텔리전트(intelligent) 조명광원이다.

⑨ 반영구적으로 사용하기 때문에 쓰레기를 발생시키지 않는다.

⑩ 형광등과 같은 수은, 방전용 가스(gas)를 사용하지 않기 때문에 환경친화적인 조명광원이다.

**• 실습순서 •**

## 1. LED 플래시라이트 회로 동작 확인

① 회로를 [그림 3-9]와 같이 결선한다.

② $R_2$는 전류 흐름을 결정하는 저항으로 LED가 1개일 때 3.5[kΩ], LED가 2개일 때 3[kΩ], LED가 3개일 때 2[kΩ], LED가 4개일 때 1[kΩ]을 사용한다.

③ 전원을 3[V](1.5[V] 2개)를 사용할 경우에는 $R_3$의 저항은 100[Ω] 이하로 한다.

④ $R_1$과 $C_1$은 발진주파수를 결정하므로 $R_1$값을 변화시킨다.

⑤ 주파수 카운터, 또는 오실로스코프를 출력단에 연결한 후 주파수를 측정하여 〈표 3-6〉에 기록한다.

⑥ 주파수 변화에 따른 LED 점멸속도를 확인한다.

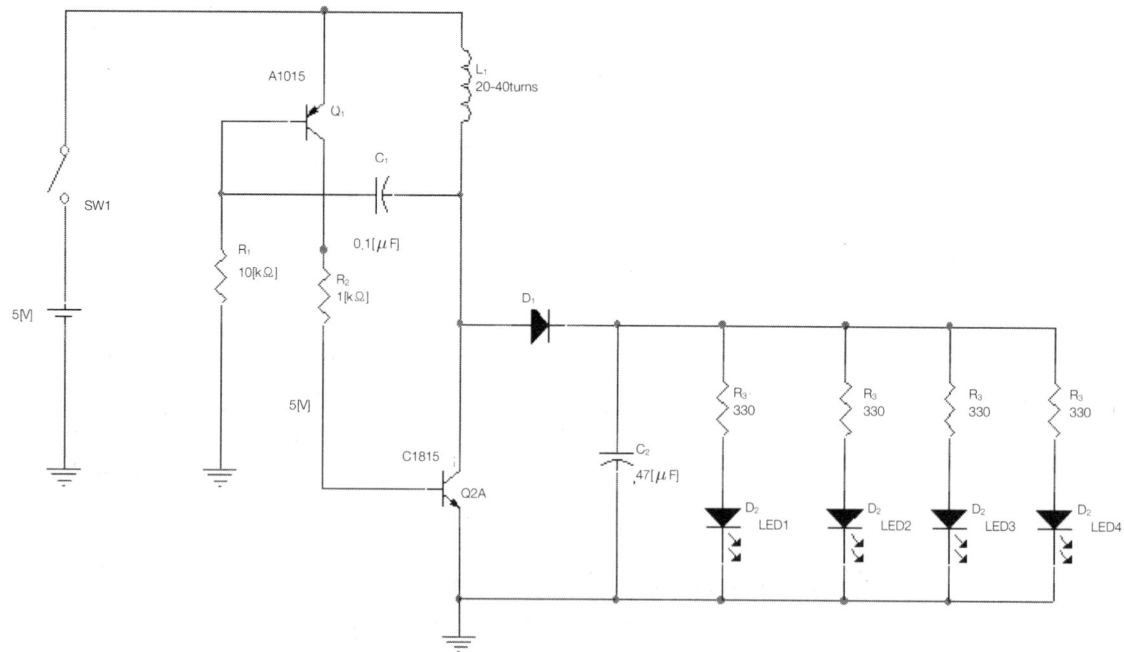


**[그림 3-9]** LED 플래시라이트(flashlight) 회로

〈표 3-6〉 측정표

| 저항값 | 1[kΩ] | 2[kΩ] | 5[kΩ] | 10[kΩ] | 15[kΩ] |
|---|---|---|---|---|---|
| 주파수 | | | | | |

## 2. LED 플래시라이트 회로

① [그림 3-10]은 휴대용 랜턴 회로로 알맞은 케이스(case)를 선정하여 제작이 가능하다.

② $C1$과 $R1$에 의해 발진하여 LED가 점멸하는 회로이다.

③ 사용전원은 1.5[V] 건전지 2개를 사용하여 휴대하기가 간편하다.

④ [그림 3-11]은 케이스에 들어갈 수 있는 기판의 모형이다.

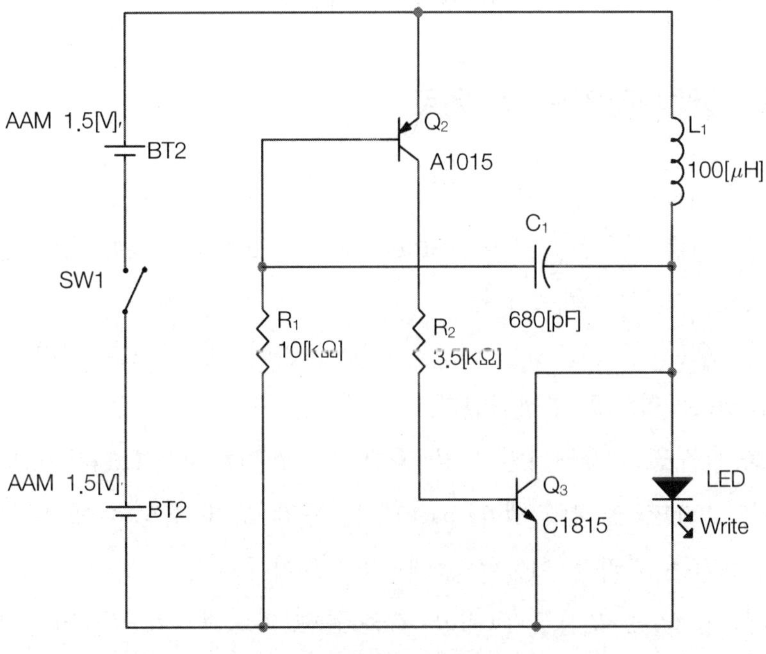


[그림 3-10] 플래시라이트 I 회로

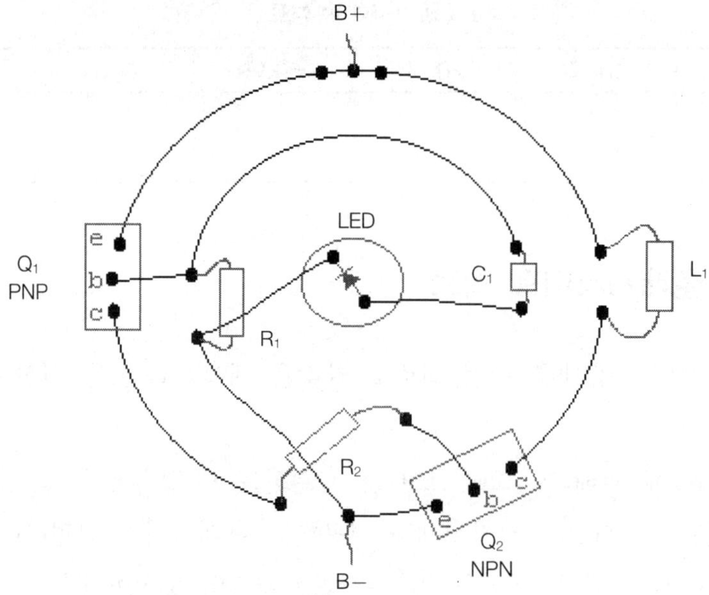


**[그림 3-11] 패턴도**

## 3. LED 플래시라이트 II 회로

[그림 3-12] 회로는 [그림 3-11]과 같은 종류의 플래시라이트(flashlight) 회로로서 Ni-Cd 전지 1개를 사용할 경우에는 Blue LED를, 2개를 사용할 경우에는 Write LED를 구동할 수 있는 회로이다.

이 회로는 오픈 루프(open-loop), 불연속, 플라이 백 부스트 컨버터(fly back boost converter) 회로로 구성되었다.

SW1을 통해 전원이 가해지면 $L_1$을 통해 LED에 가해져서 LED가 on되고, 이때 $Q_2$는 off되어 LED가 플라이 백(fly back)되는 동안 $L_1$에 저장된 에너지가 소비되어 LED가 off되는 원리를 이용한 플래시라이트이다.

$Q_1$은 증폭기, $Q_2$는 $R_4$, $R_5$ 그리고 $R_2$를 통해 피드백되어 공급되는 인버팅 구동회로로서 반전과 비반전의 두 현상이 지속적으로 발생하게 한다.

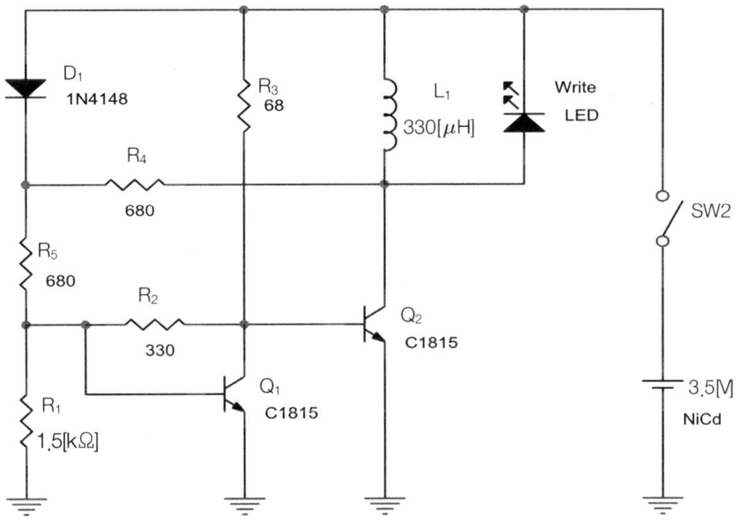


**[그림 3-12] 플래시라이트 II 회로**

## 4. 실험결과에 대한 토의

## 5. 실험보고서 작성

## 6. 정리정돈

| 실습 과제명 | **3-3 스위치 모드 드라이브 회로** |
|---|---|
| 목 표 | ① 스위치 모드 드라이브 회로를 구성할 수 있다.<br>② 다양한 LED를 단일전원으로 구동할 수 있다. |

| 장비 및 공구 | 소요재료 | 규격 | 수량 | 안전 및 유의사항 |
|---|---|---|---|---|
| - 디지털 VM<br>- 조도계<br>- 브레드보드<br>- 직류전원장치 | IC | max1698 | 5개 | ① 장비 사용법을 익혀 부상과 장비 파손에 주의한다.<br>② 소자의 핀번호를 바르게 사용하여 손상이 없도록 한다.<br>③ DC 및 AC 전원을 바르게 연결하여 재료가 파손되지 않도록 한다. |
| | LED | 백색 | 3개 | |
| | LED | 적색 | 3개 | |
| | LED | 녹색 | 3개 | |
| | LED | 황색 | 3개 | |
| | FET | FDN337 | 1개 | |
| | TR | C1815 | 4개 | |
| | C(전해) | 10[$\mu$F] | 1개 | |
| | 저항 | 220 | 5개 | |
| | 가변저항 | 500[k$\Omega$] | 1개 | |
| | 다이오드 | 1N914 | 1개 | |
| | 제너 다이오드 | 24[V] | 1개 | |

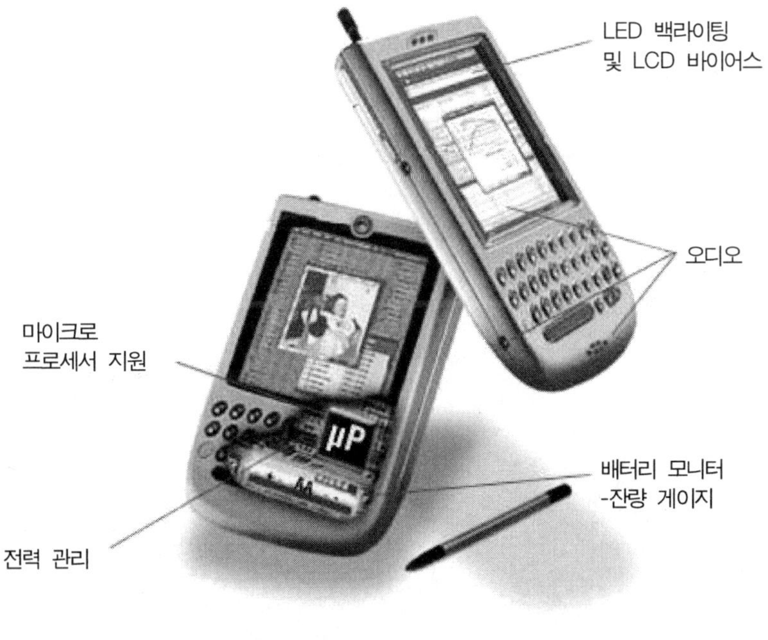


[그림 3-13] LED 레벨 지시기

## 관계지식

### 1. LED 전류 구동 IC(MAX1698)

휴대기기에서는 발광색이 다른 여러 개의 LED를 장착하고 있다. 사용하는 LED의 개수는 발광색에 따라 다르다. 예를 들면, 디스플레이 백라이트에는 백색 LED, 키패드의 조명에는 녹색 LED, 전원 관련의 표시에는 적색 LED를 사용한다.

이러한 LED군을 구동하려면 일반적으로 적색과 녹색의 표준 LED용과 순방향 전압이 높은 백색 LED용의 2가지 전원전압이 필요하게 된다. 또한 키패드나 인디케이터의 용도에서는 전류제한 저항이 필요하다.

이러한 특성이 다른 LED군을 단일전원으로 구동할 수 있는 전류 레귤레이터 IC가 MAX1698이다.

## (1) 전기적 특성

| Parameter | Symbol | Conditions | | MIN | TYP | MAX | Units |
|---|---|---|---|---|---|---|---|
| Supply Voltage | $V_{cc}$ | | | 2.7 | | 5.5 | V |
| Quiescent Supply Current | $I_{cc}$ | $V_{FB}$=0.3V | | | 260 | 500 | μA |
| Undervoltage Lockout | | Rising edge | | 2.25 | 2.4 | 2.56 | V |
| Undervoltage Hysteresis | | | | | 80 | | mV |
| FB Regulation Voltage | $V_{FB}$ | ADJ=REF | | 285 | 300 | 315 | mV |
| | | VADJ=100mV | | 18 | 24 | 30 | |
| CS Trip Current | | FB=GND | MAX1698A | 2.0 | 2.4 | 2.8 | A |
| | | | MAX1698 | 0.8 | 1.5 | 2.5 | |
| CD Input Current | $I_{CS}$ | | | | | 0.8 | $A_{RMS}$ |
| Minimum Off Time | $t_{OFF}$(MIN) | FB=GND, ADJ=REF | | 0.8 | 1.0 | 1.2 | μs |
| Maximum On Time | $t_{ON}$(MAX) | FB=GND, ADJ=REF, CD=GND | | 10 | 15 | 20 | μs |
| ADJ Start Threshold | | | | 30 | 50 | 70 | mV |
| ADJ Input Range | $V_{ADJ}$ | | | 0.03 | | REF | V |
| FB Input Bias Current | $I_{FB}$ | $V_{FB}$=300mV | | -15 | | 15 | nA |
| ADJ Input Bias Current | $I_{ADJ}$ | ADJ=REF | | -50 | | 50 | nA |
| Shutdown Supply Current | | SHDN=GND | | | 0.01 | 1 | μA |
| REF Output Voltage | $V_{REF}$ | $I_{REF}$=0 | | 1.20 | 1.25 | 1.30 | V |
| REF Load Regulation | $\Delta V_{REF}$ | $I_{REF}$=0 to 150μA | | | -2 | -25 | mV |
| REF Short-Circuit Current | | REF=GND | | | 0.45 | 1 | mA |
| REF Power-Supply Rejection Ratio | PSRR | Vcc=2.7V to 5.5V | | | +0.3 | +2 | mV/V |
| EXT Driver Sink/Source Surrent | | Vcc=5V, EXT=2V | | | 0.2 | | A |
| EXT Driver On-Resistance | | Vcc=5V | | | | 8 | Ω |
| SHDN Input High Voltage | $V_{IH}$ | Vcc=2.7V to 5.5V | | 2 | | | V |
| SHDN Input Low Voltage | $V_{IL}$ | Vcc=2.7V to 5.5V | | | | 0.8 | V |
| SHDN Input Bias Current | ISHDN | Vcc=2.7V to 5.5V | | -1 | | 1 | μA |

## (2) 핀 배열(구성)

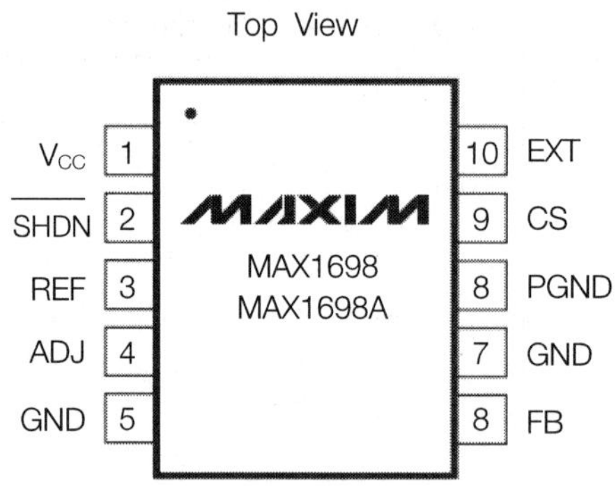


[그림 3-14] 핀 배열

## (3) 핀 설명

| 핀 | 번 호 | 기 능 |
|---|---|---|
| 1 | $V_{CC}$ | IC Supply Voltage Input, Input Range는 2.7[V]부터 5.5[V] |
| 2 | SHDN | Active-Low Shutdown Input(일반적으로 $V_{CC}$에 연결 사용) |
| 3 | REF | 1.25[V] Reference Output |
| 4 | ADJ | Adjust Input |
| 5, 7 | GND | Ground |
| 6 | FB | Feedback Input |
| 8 | PGND | Power Ground |
| 9 | CS | FET Current-Sense Input |
| 10 | EXT | Gate Drive |

### (4) 블록 다이어그램

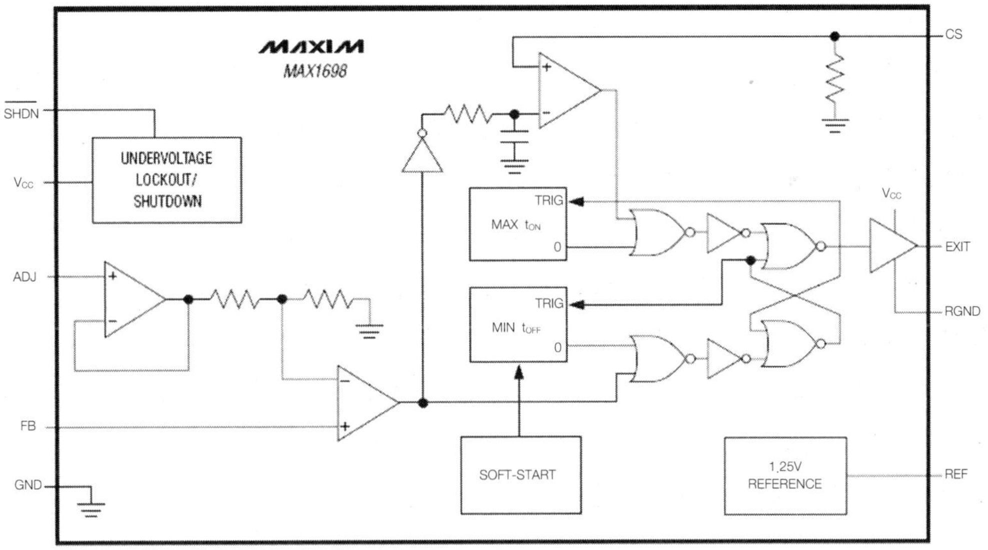


[그림 3-15] 블록도

### (5) 대표적인 사용 회로

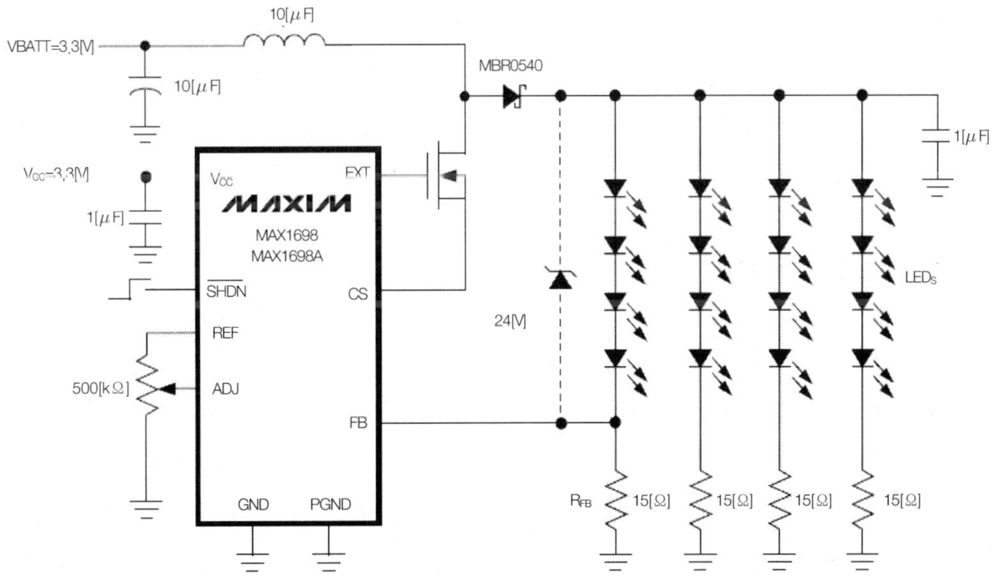


[그림 3-16] 응용회로의 예

## 2. 고전력 LED 구동을 위한 컨버터

평면 패널 컴퓨터 및 TV 모니터, 프로젝션, 도로표지, 휴대조명, 자동차 내 · 외부 제동표시등 등의 광원으로 고전력 LED의 사용이 급격히 늘어나고 있다. 이들 응용의 입력전압 및 LED 전압 조합이 응용만큼이나 다양하므로 단일 드라이브 장치로 모든 응용의 요구를 충족하는 것은 불가능하다.

그렇지만 벅, 부스트, 벅-부스트, SPEIC 등의 모든 LED 드라이버는 입력 및 출력 전압에 관계없이 일정한 LED 전류를 안정화하여야 한다. 고전력의 일정한 LED 전류를 위하여 개발된 단일 스위칭 레귤레이터가 있다.

LT3477은 고전력 LED를 정전류로 구동할 수 있는 고전력 LED 전용 드라이버 IC이다. 또한 전류 모드 3[A] DC/DC 스텝업 컨버터로 듀얼 레일투레일 전류검출 증폭기 및 내부 3[A], 42[V] 스위치를 통합하였다. 전통적인 전압 피드백 루프와 2개의 고유전류 피드백 루프를 결합하여 정전류 및 정전압 소스로 동작한다. 또한 부동 레일투레일 전류검출 증폭기가 다양한 방법으로 접지 레퍼런스 및 부동 LED 솔루션을 가능하게 할 뿐만 아니라 추가적으로 과도전류, 또는 단락회로 방지기능을 제공한다.

전류검출 전압은 100[mV]이며 $I_{ADJ1}$ 및 $I_{ADJ2}$ 핀을 이용하여 조절할 수 있다. 또한 LED의 일반적인 활용에서 스위칭 주파수는 외부저항을 이용하여 200[kHz]~3.5[MHz]로 프로그래밍할 수 있다. 패키지는 20핀(4[mm]×4[mm]) QFN 및 20핀 TSSOP의 두 가지 열 향상 패키지가 가능하다.

### (1) 부스트 드라이버

LT3477의 내부 접지 레퍼런스 3[A] NPN 전력 스위치는 부스트 응용에 가장 많이 이용된다. [그림 3-17]은 개방 LED 보호 및 330[mA] 일정 LED 전류기능의 5[V] 대 4개 1W LED 부스트 컨버터이다. 전류검출 증폭기 및 0.3[Ω] 검출저항을 이용하여 정전류가 안정화된다. 피드백 전압 증폭기는 LED가 회로에서 제거될 경우 과전압 방지용으로만 이용된다. 4개 LED의 포워드 전압은 12[V]~16[V]이다. 입력전압 범위는 2.5[V](LT3477의 최소 입력전압)에서 LED의 포워드 전압 미만까지이다. 피크 스위치 전류가 3[A] 미만이면 LT3477이 더 많은 LED를 구동할 수 있다.

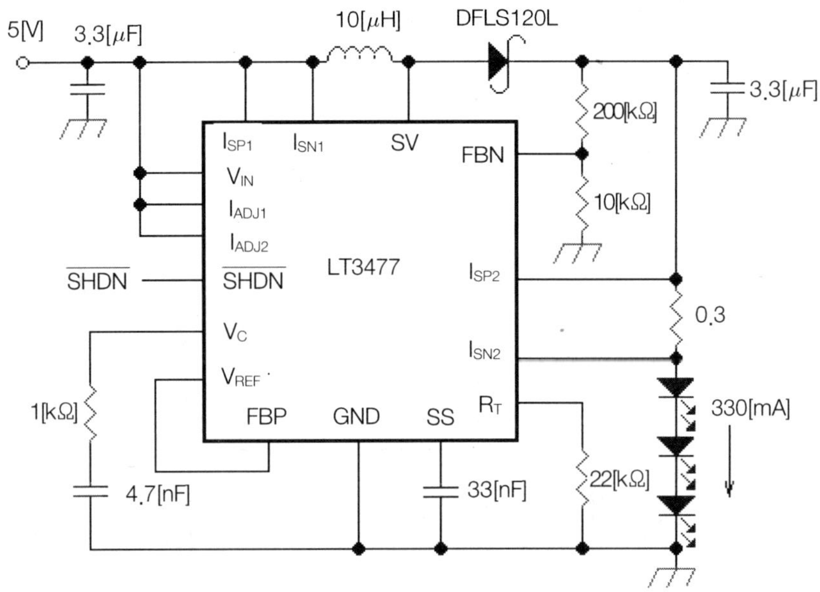


[그림 3-17] 개방 LED 보호기능의 330[mA] 부스트 LED 드라이버

### (2) 벅 드라이버

LED는 정전류 소스로 가장 잘 구동되지만 다른 시스템 부하와 달리 접지 레퍼런스가 필요하지 않다. 그러므로 부동전류 검출증폭기를 통합한 LT3477을 낮은 LED 리플전류의 벅 LED 드라이버로 변환할 수 있다.

[그림 3-18]은 32V입력전압 벅 컨버터가 1[A] LED 스트링을 구동하는 것이다.

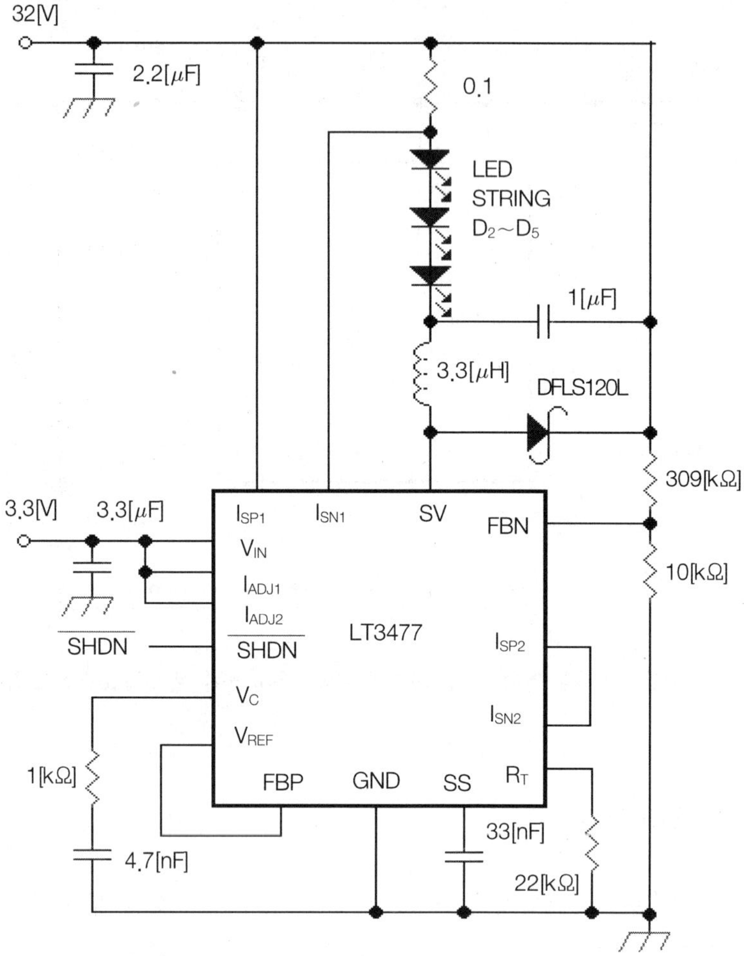


**[그림 3-18] 1A 벅 LED 드라이버**

LED는 검출저항을 통해 입력 소스에 연결되고, 일반적인 출력 쇼트키 캐치(catch) 다이오드는 $V_{in}$에 연결되어 부스트 IC를 모놀리딕 벅 LED 드라이버로 변환한다. 여기서도 피드백 전압증폭기는 과전압 방지용으로만 이용되며, 42[V] 스위치의 손상을 방지한다.

벅 모드일 때는 $V_{in}$ 핀을 3.3[V] 또는 5[V] 소스에 연결해서 최대효율을 얻을 수 있으며, 이를 25[V]의 절대 최대정격 이하로 유지하기만 하면 된다.

밝기 제어 $I_{ADJ}$ 핀은 벅 모드일 때 부스트 모드와 동일하게 동작하며, LED 전류를 일정하게 감소시킨다.

### (3) 벅-부스트 드라이버

부동전류 검출증폭기는 LED 스트링을 가능하게 하고, 직렬 검출저항을 회로의 어느 지점에나 연결할 수 있으므로 배터리 범위가 LED의 포워드 전압 범위 이상이거나 이하이면 LT3477을 벅-부스트 컨버터로 변환할 수 있다.

LED 스트링이 접지가 아니라 $V_{in}$으로 귀환하도록 부스트 LED 드라이버 응용을 변경함으로써 스텝업/스텝다운(step-up/step-down) 기능이 제공된다. [그림 3-19]는 벅-부스트 LED 드라이버 회로이다.

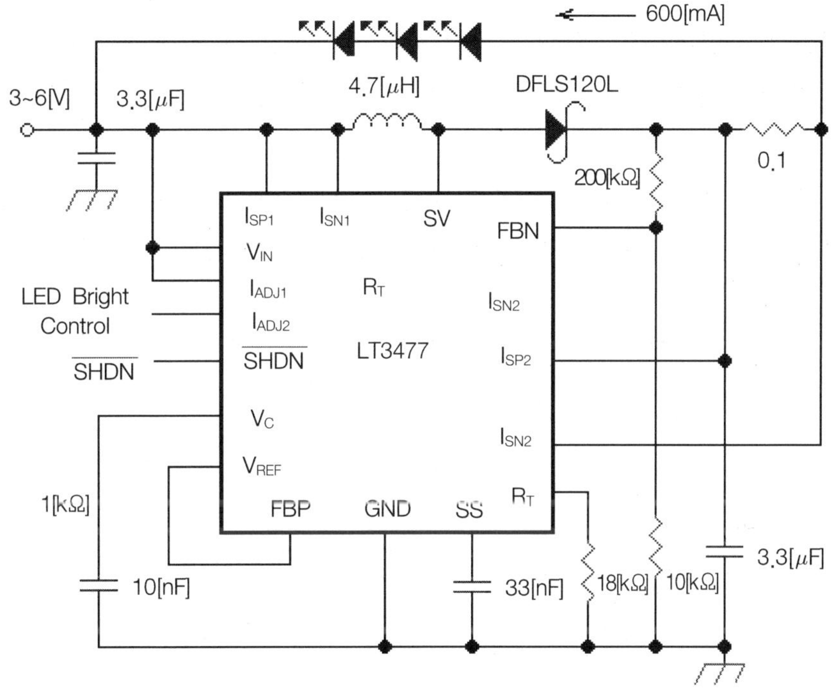


[그림 3-19] 벅-부스트 LED 드라이버

**• 실습순서 •**

## 1. 3색 LED를 단일전원으로 구동하는 회로 동작 확인

[그림 3-20]은 4종류의 LED군을 구동하는 회로로 순방향 전압이 다른 LED에 대해서 TR $Q_1 \sim Q_4$로 구성한 전류 미러회로를 사용하여 부하의 밸런스를 확보한다. 또한 공통 조정점(IC1의 ADJ 단자)에 의해 휘도를 조정할 수 있다.

TR $Q_2 \sim Q_4$는 다이오드에 접속된 TR $Q_1$에 흐르는 전류를 미러링(mirroring)한다. 다만 $Q_1$의 전류를 결정하는 LED군($D_3 \sim D_5$)의 구동전압은 그 이외 LED군의 구동전압과 동일하든지, 혹은 높을 필요가 있다. 그 이유는 구동전압이 낮으면 그 이외의 LED군에서 전압의 여유도가 낮아져 정상적으로 동작하지 않기 때문이다.

따라서 같은 특성의 TR로 구성한 전류 미러회로를 실현하면 종류나 접속수에 의존하지 않고 모든 LED에 동일한 전류를 공급할 수 있다.

$$P_{\max}(\text{트랜지스터}) = (V_{\text{out}} - 300[\text{mV}] - V_{\text{leds}}) \times I_{\text{led max}}$$

$$R_2(\text{검출저항}) = \frac{300[\text{mV}]}{I_{\text{led max}}}$$

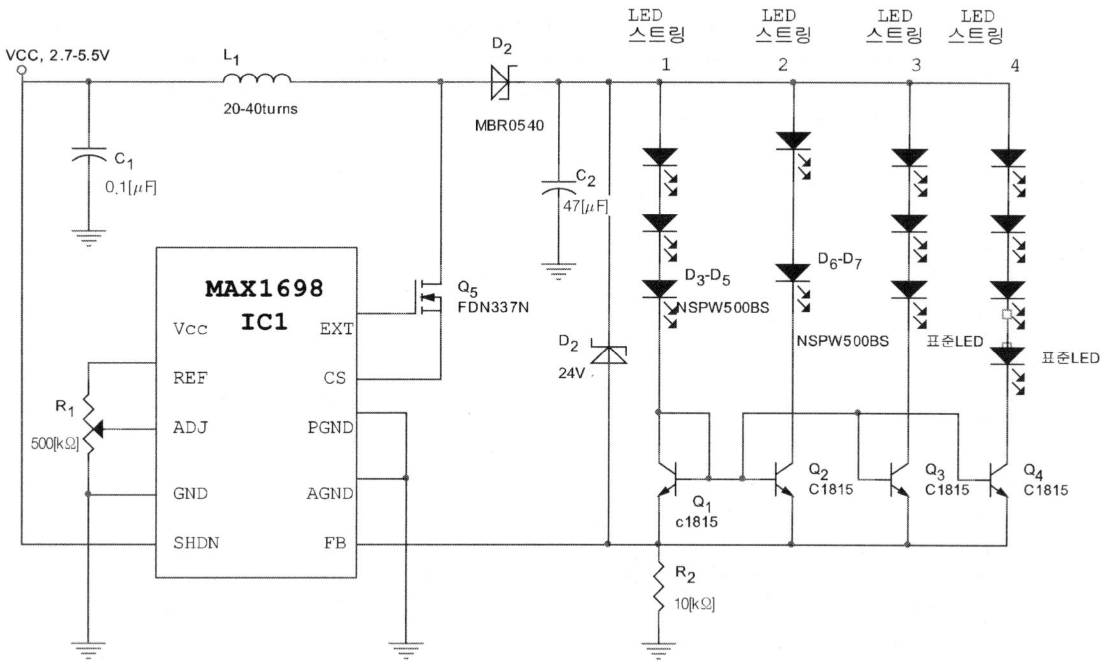


① 회로를 [그림 3-20]과 같이 결선한다.

② 가변저항 $R1$을 〈표 3-7〉과 같이 가변한다.

③ 디지털 멀티미터를 이용하여 각각의 LED군의 전압을 측정하여 〈표 3-7〉에 기록한다.

④ 가변저항 $R1$을 조절하여 각 LED군의 휘도가 일정한 곳은 몇 [kΩ] 지점인가?

⑤ $Q5$의 역할에 대하여 설명하시오.

〈표 3-7〉 각 LED군의 전압측정 결과

| 가변저항($R1$) | LED 스트링1 | LED 스트링2 | LED 스트링3 | LED 스트링4 | LED 스트링5 |
| --- | --- | --- | --- | --- | --- |
| 10[kΩ] | | | | | |
| 20[kΩ] | | | | | |
| 40[kΩ] | | | | | |
| 60[kΩ] | | | | | |
| 70[kΩ] | | | | | |
| 80[kΩ] | | | | | |
| 90[kΩ] | | | | | |
| 100[kΩ] | | | | | |

## 2. 실험결과에 대한 토의

## 3. 실험보고서 작성

## 4. 정리정돈

| 실습 과제명 | 3-4 LED 표시소자 드라이브 회로 |
|---|---|
| 목 표 | ① LED 표시소자의 동작 원리를 및 활용법을 알 수 있다.<br>② 여러가지 표시소자를 조립함으로써 응용력을 높인다. |

| 장비 및 공구 | 소요재료 | 규격 | 수량 | 안전 및 유의사항 |
|---|---|---|---|---|
| -디지털 VM | TTL IC | 7400 | 1개 | ① 공급전원은 +5[V] ±10% |
| -전류계 | TTL IC | 7404 | 2개 | 가 유지되도록 한다. |
| -브레드보드 | TTL IC | 7408 | 1개 | ② DC 및 AC 전원을 바르게 |
| -직류전원장치 | TTL IC | 7485 | 2개 | 연결하여 재료가 파손되 |
| -주파수카운터 | TTL IC | 7490 | 1개 | 지 않도록 한다. |
| | TTL IC | 7492 | 1개 | ③ IC 취급시는 정전기 유도 |
| | TTL IC | 74160 | 2개 | 가 되지 않도록 유의한다. |
| | TTL IC | 7419 | 2개 | ④ LED 표시소자의 핀번호 |
| | TTL IC | 74154 | 1개 | 를 바르게 사용하여 손상 |
| | TTL IC | 7107 | 1개 | 이 없도록 한다. |
| | LED 표시기 | FND 507 | 2개 | |
| | 다이오드 | 1N914 | 5개 | |
| | 토글 스위치 | SPST | 5개 | |
| | 버튼 스위치 | 푸시형 | 2개 | |
| | 디지털 스위치 | 2단(4P×2) | 1개 | |

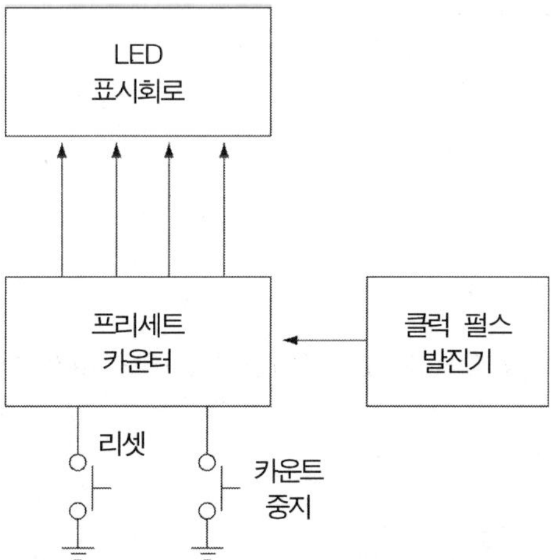


[그림 3-21] 디지털 스톱 워치의 구성도

## 관계지식

[그림 3-21]에서와 같이 디지털 스톱 워치는 클럭 펄스 발진기에 의해 카운팅이 되지만, 리셋 스위치로 0000에서부터 시작되며, 카운트 중지 스위치를 누름에 의해 누른 순간의 시간이 표시된다.

앞서 사용한 74190의 데이터 입력을 100001으로 설정해놓고 로드(load) 스위치를 1에서 0으로 할 때 리셋(reset)이 이루어질 수 있으며, 인에이블 단자를 0에서 1로 놓으면 카운팅을 중지시킬 수 있다.

만약 IC 74160을 사용하는 경우 CLR 단자를 1에서 0으로 놓으면 리셋이 되고, 인에이블 단자(P 또는 T)를 1에서 0으로 놓으면 카운트가 중지된다.

또한 [그림 3-22]는 디지털 타이머 회로로서 프리세트 카운터로 카운팅을 하고, 그 출력을 컴퍼레이터의 사전에 설정된 입력과 비교하여 서로 일치할 때 발생하는 제어신호를 인에이블 단자에 연결시켜 카운팅을 자동적으로 중지시킨다.

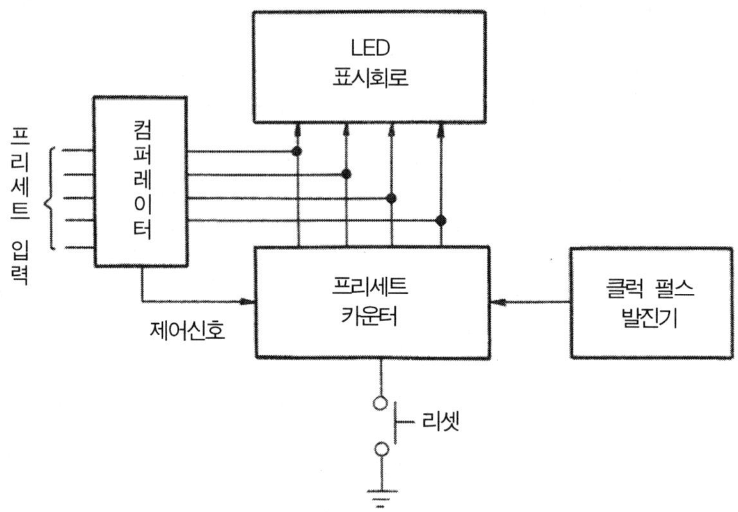


**[그림 3-22] 디지털 타이머의 구성도**

## • 실습순서 •

# 1. 9초 디지털 스톱 워치 회로 조립 실습(A)

① [그림 3-23]과 같이 결선한다.

② 1[Hz]의 클럭 펄스 입력을 가하고, LED 표시로 카운팅 상태를 확인한다.

LED 표시상태 : ______________________

③ 리셋 버튼 스위치(SW1)를 누른다. 이때 LED 표시상태를 관찰한다.

LED 표시상태 : ______________________

④ 9초 미만의 임의의 시간에서 카운트 중지 스위치(SW2)를 누른다.

⑤ 데이터 입력단자(9, 10, 1, 15번)를 1001로 놓는다.

⑥ Up/Down 단자(5번)를 1로 놓는다.

⑦ 1[Hz]의 클럭 펄스 입력을 가하고 LED 표시로 카운팅 상태를 확인한다.

LED 표시상태 : ______________________

⑧ 리셋 버튼 스위치(SW1)를 누른다. 이때 LED 표시상태를 관찰한다.

LED 표시상태 : ______________________

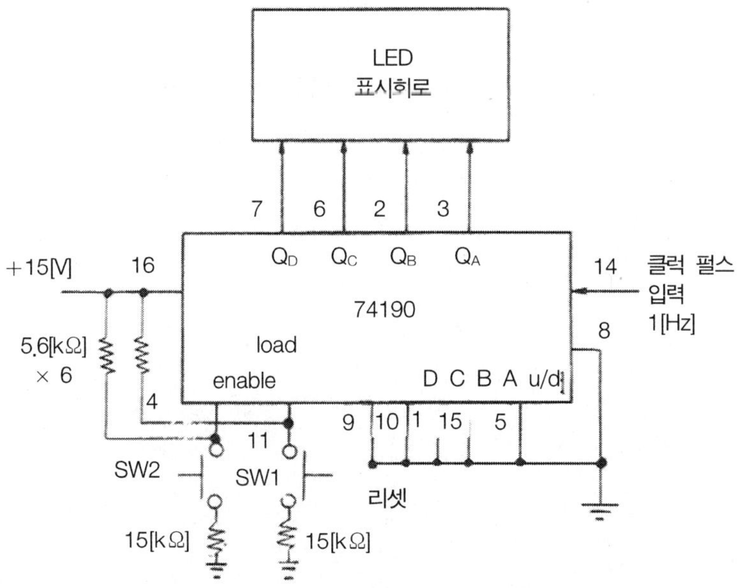


[그림 3-23] 9초 디지털 스톱 워치 회로(A)

## 2. 9초 디지털 스톱 워치 회로 조립 실습(B)

① [그림 3-24]와 같이 회로를 구성한다.

② 1[Hz]의 클럭 펄스 입력을 가하고, LED 표시로 카운팅 상태를 확인한다.

LED 표시상태 : ______________________

③ 리셋 버튼 스위치(SW1)를 누른다. 이때 LED 표시상태를 관찰한다.

LED 표시상태 : ______________________

④ 9초 미만의 임의의 시간에서 카운트 중지 스위치(SW2)를 누른다.

⑤ 데이터 입력단자(9, 10, 1, 15번)를 1001로 놓는다.

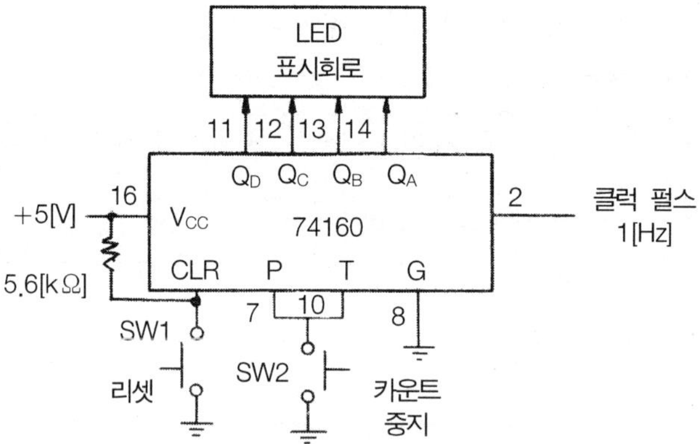


**[그림 3-24] 9초 디지털 스톱 워치 회로(B)**

## 3. 99초 디지털 스톱 워치 회로 조립 실습

① [그림 3-25]와 같이 99초 디지털 스톱 워치 회로를 조립한다.

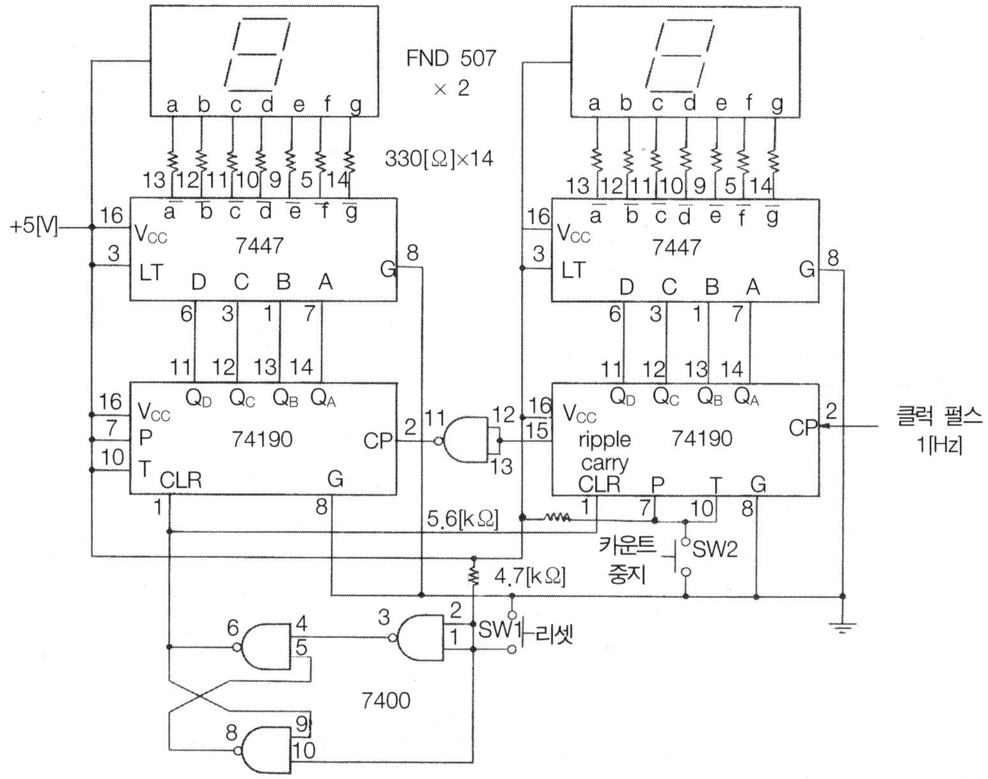


[그림 3-25] 99초 디지털 스톱 워치 회로

② 안정화된 직류전원(+5[V], 0.5[A])과 1[Hz]의 클럭 펄스 입력을 가한다.

③ 리셋 스위치를 누른다.

④ 99초 미만의 임의의 시간에서 카운트 중지 스위치를 누른다.

LED 표시상태 : ____________________

## 4. 9초 디지털 타이머 회로 조립 실습(A)

① [그림 3-26]과 같이 프리셋 10진 카운터 74190과 컴퍼레이터 7485를 이용한 9초 타이머 회로를 구성한다.

② 전원(+5[V], 0.3[A])을 공급하고, 1[Hz]의 클럭 펄스를 가한다.

③ 스타트 스위치를 누르기 전에 9초 미만의 시간을 프리셋 입력에 의해 설정한다.

④ 스타트 스위치를 누르고, 설정된 시간에 자동으로 카운팅이 중지하는가를 확인한다.

LED 표시상태 : ______________________

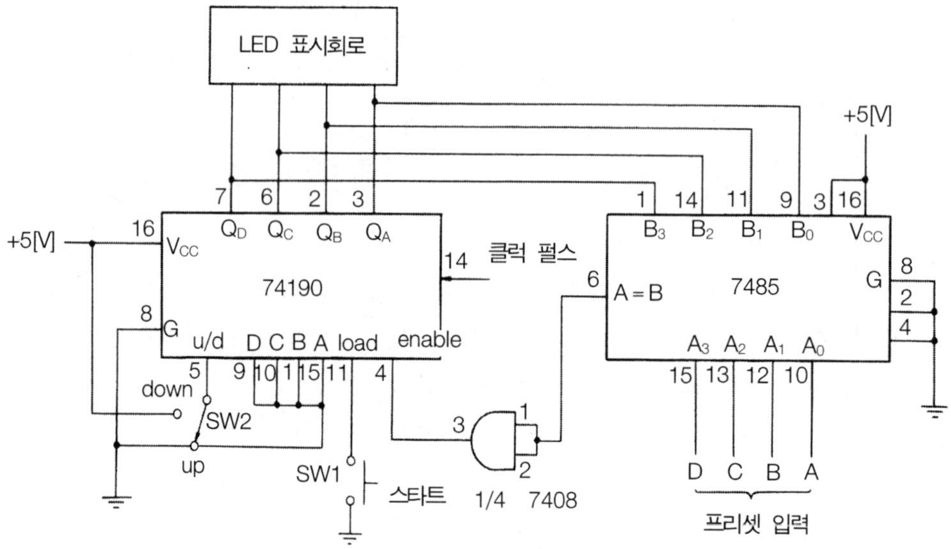


[그림 3-26] 9초 디지털 타이머 회로(A)

## 5. 9초 디지털 타이머 회로 조립 실습(B)

① [그림 3-27]과 같이 프리셋 10진 카운터 74160과 컴퍼레이터 7485를 이용한 9초 타이머 회로를 구성한다.

② 전원(+5[V], 0.3[A])을 공급하고, 1[Hz]의 클럭 펄스를 가한다.

③ 스타트 스위치를 누르기 전에 9초 미만의 시간을 프리셋 입력에 의해 설정한다.

④ 스타트 스위치를 누르고, 설정된 시간에 자동으로 카운팅이 중지하는가를 확인한다.

LED 표시상태 : ______________________

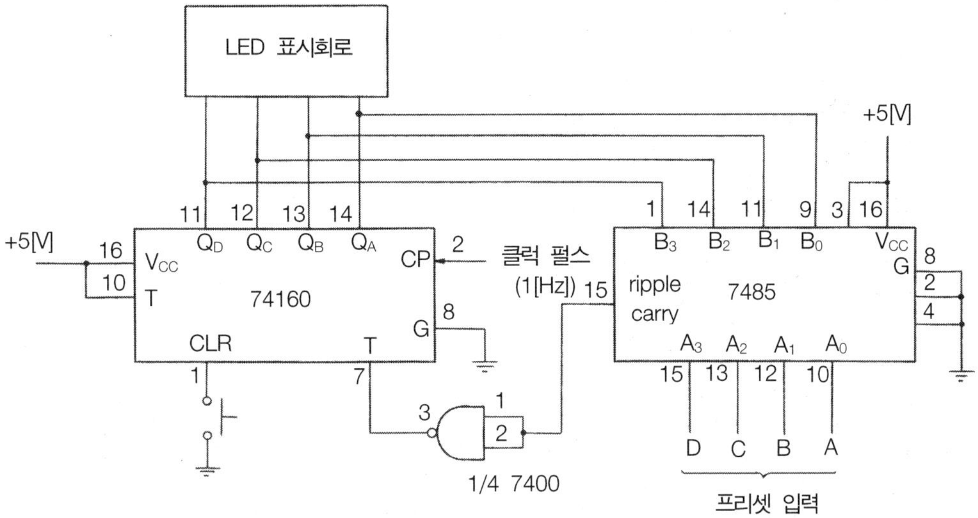


**[그림 3-27] 9초 디지털 타이머 회로(B)**

## 6. 59분 디지털 타이머 회로 조립 실습

① [그림 3-28]과 같은 59분 디지털 타이머 회로를 조립한다.

② 전원(+5[V], 1[A])을 공급하고, 10[Hz]의 클럭 펄스 입력을 가한다(실제는 1[Hz]의 클럭 펄스를 가해야 하지만 편의상 시간 단축을 위해 10[Hz]를 가한다).

③ 디지털 스위치를 사용하여 시간을 프리세트한다(예 30분).

④ 스타트 스위치를 누른 뒤 정해진 시간이 지나서 타이머가 동작되는지를 확인한다(실제는 30분이지만, 편의상 10[Hz]를 가했으므로 3분 후에 동작해야 한다).

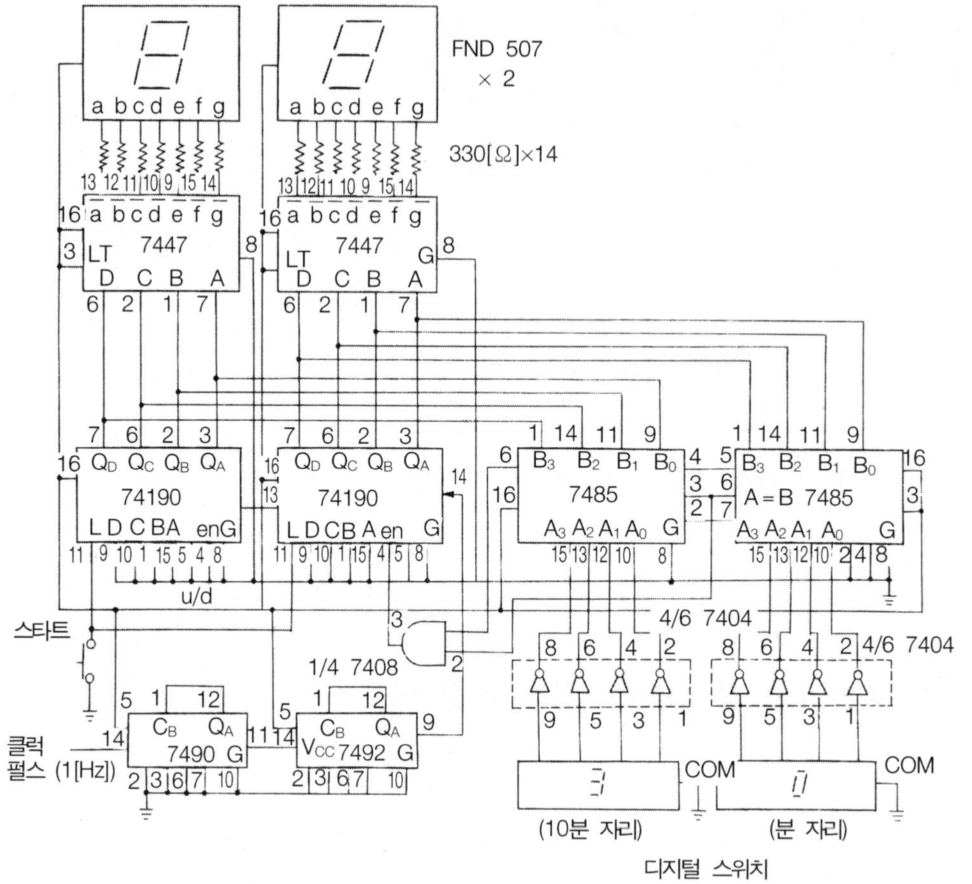


**[그림 3-28] 59분 디지털 타이머 회로**

## 7. 디지털 볼트미터 회로 조립 실습

① [그림 3-29]와 같이 A/D 컨버터 IC 7107을 사용하여 디지털 볼트미터 회로를 구성한다.

② 19[V] 미만의 임의의 측정전압을 입력단자에 연결한다.

③ 가변저항(470[Ω])을 조정하여 입력에 연결된 표준 디지털 볼트미터의 지시값과 구성한 회로의 지시값이 일치되도록 한다.

④ 다시 임의의 전압을 입력에 가하고 두 지시값을 관측한다.

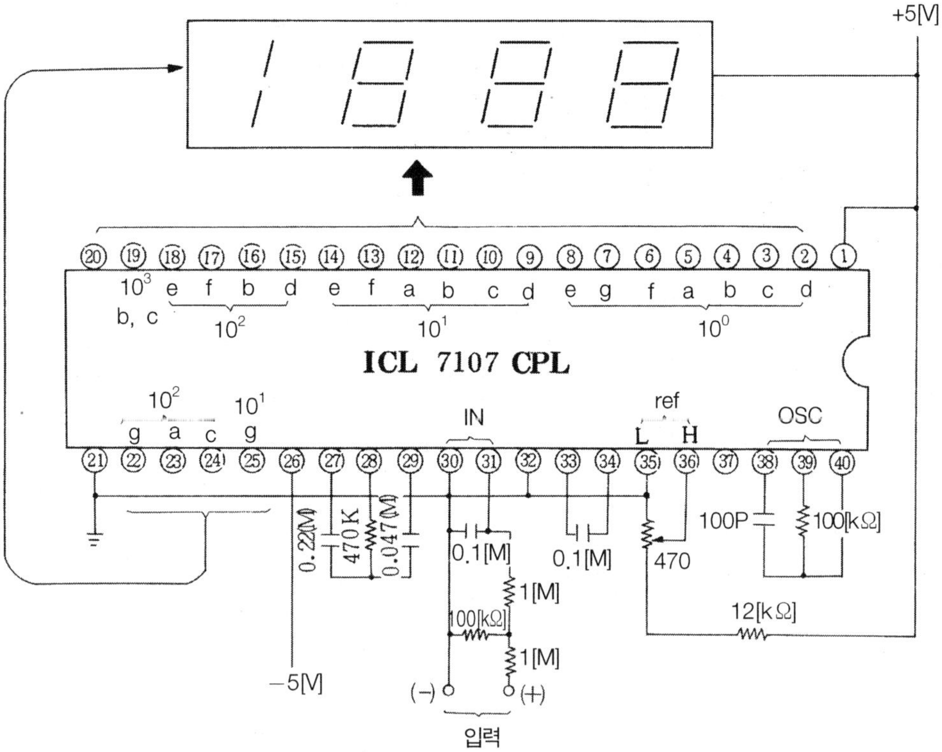


[그림 3-29] 디지털 볼트미터 회로

## 8. 반도체 메모리 동작실험

① [그림 3-30]과 같은 회로를 구성한다.

② 어드레스 스위치 SW1∼SW4와 데이터 입력 스위치 SW5∼SW8을 개폐하여 〈표 3-8〉에 주어진 어드레스를 설정하고, 데이터를 입력시킨다. 단, 스위치가 열린 때가 0, 닫힌 때가 1이다.

③ 기입 스위치 SW9를 닫았다가 열어놓는다(1→ 0 →1). 이때 데이터는 기입된다.

④ 〈표 3-8〉에 주어진 어드레스에 대한 데이터의 기입이 모두 끝나고 나면 SW를 열어놓은 상태에서 각 어드레스에 대한 출력의 상태를 관측한다. 단 LED 램프는 꺼질 때 '1' 켜질 때 '0'으로 본다.

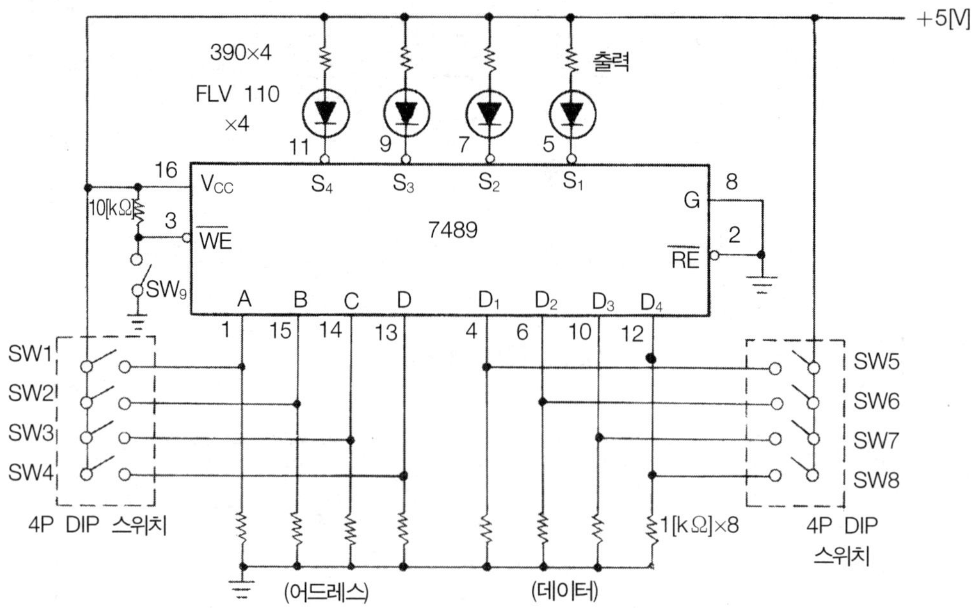


**[그림 3-30] 16×4비트 RAM 회로**

〈표 3-8〉 16×4 비트 RAM 동작상태

| 어드레스 입력 | | | | 데이터 입력 | | | | 데이터 입력 | | | |
|---|---|---|---|---|---|---|---|---|---|---|---|
| D | C | B | A | D4 | D3 | D2 | D1 | S4 | S3 | S2 | S1 |
| 0 | 0 | 0 | 0 | 1 | 1 | 1 | 1 | | | | |
| 0 | 0 | 0 | 1 | 1 | 1 | 1 | 0 | | | | |
| 0 | 0 | 1 | 0 | 1 | 1 | 0 | 1 | | | | |
| 0 | 0 | 1 | 1 | 1 | 1 | 0 | 0 | | | | |
| 0 | 1 | 0 | 0 | 1 | 0 | 1 | 1 | | | | |
| 0 | 1 | 0 | 1 | 1 | 0 | 1 | 0 | | | | |
| 0 | 1 | 1 | 0 | 1 | 0 | 0 | 1 | | | | |
| 0 | 1 | 1 | 1 | 1 | 0 | 0 | 0 | | | | |
| 1 | 0 | 0 | 0 | 0 | 1 | 1 | 1 | | | | |
| 1 | 0 | 0 | 1 | 0 | 1 | 1 | 0 | | | | |
| 1 | 0 | 1 | 0 | 0 | 1 | 0 | 1 | | | | |
| 1 | 0 | 1 | 1 | 0 | 1 | 0 | 0 | | | | |
| 1 | 1 | 0 | 0 | 0 | 0 | 1 | 1 | | | | |
| 1 | 1 | 0 | 1 | 0 | 0 | 1 | 0 | | | | |
| 1 | 1 | 1 | 0 | 0 | 0 | 0 | 1 | | | | |
| 1 | 1 | 1 | 1 | 0 | 0 | 0 | 0 | | | | |

## 9. 실험결과에 대한 토의

## 10. 실험보고서 작성

## 11. 정리정돈

# 제 4 장

# LED 응용회로 실험실습

### 실험목표

- LED 응용회로를 구성하고, 측정할 수 있다.
- 교통신호등의 특성을 알고, 제어회로를 구성할 수 있다
- 각종 LED 응용회로를 설계할 수 있다.
- 각종 LED 응용회로를 적절하게 활용할 수 있다.

### 실험과제

4-1 LED 응용회로
4-2 교통신호등 제어회로
4-3 도트 매트릭스(dot matrix) LED 회로
4-4 광파이버 디스플레이 회로

| 실습 과제명 | 4-1 LED 응용회로 |
|---|---|
| 목 표 | ① LED 응용회로를 구성하고, 측정할 수 있다.<br>② LED 응용회로를 설계할 수 있다.<br>③ LED를 응용회로에 적절하게 활용할 수 있다. |

| 장비 및 공구 | 소요재료 | 규격 | 수량 | 안전 및 유의사항 |
|---|---|---|---|---|
| - 오실로스코프 | IC | PIC16C84 | 1 | ① 장비 사용법을 익혀 부상과 |
| - 광특성 측정기 | | SN7404 | 2 | 장비 파손에 주의한다. |
| - 브레드보드 | | SN74154 | 1 | ② 반도체 소자의 핀번호를 바 |
| - 직류전원장치 | | SN7447 | 3 | 르게 사용하여 손상이 없도 |
| - 디지털 조도계 | | LM3900 | 1 | 록 한다. |
| - 디지털 전압계 | | AN6884 | 3 | ③ DC 및 AC 전원을 바르게 |
| - 마이크로스코프 | X-TAL | 10[MHz] | 24 | 연결하여 재료가 파손되지 |
| | LED | 적 · 녹 · 청 | 1 | 않도록 한다. |
| | 저항 | 10[kΩ] 외 | 21 | ④ 감전 등 안전에 주의한다. |
| | 콘덴서 | 22[μF] 외 | 14 | |

[그림 4-1] 조명용 LED 램프

## 관계지식

순방향 바이어스된 다이오드에서 자유전자(free electron)는 접합부를 통하여 정공(holes) 속으로 떨어진다. 전자가 높은 에너지에서 낮은 에너지 준위(energy level)로 떨어질 때 에너지가 방출된다. 보통의 다이오드에서는 에너지가 열의 형태로 방출된다.

그러나 LED(발광 다이오드 : Light Emitting Diode)에서는 에너지가 빛으로 방출된다. LED는 낮은 전압, 긴 수명, 빠른 점멸 스위칭 속도 등의 장점이 있으므로 많은 응용에서 전구를 대체하고 있다.

보통의 다이오드는 빛을 통과시키지 않는 물질인 실리콘(silicon)으로 만들어지지만 LED는 다른 재료로 만들어진다.

갈륨(gallium), 비소(arsenic), 인(phosphorus) 같은 원소를 사용하여 제작되는 LED는 적색 · 녹색 · 황색 · 오렌지색 · 적외선(infrared) 등의 빛을 발생시킬 수 있다. 가시광선 영역의 LED는 계측기나 계산기 등에 쓰이며, 적외선 LED는 도난경보 등 보이지 않는 발광(發光)이 필요한 경우의 응용에 쓰인다.

LED를 구동하는 방식은 직류 점등회로와 같은 스태틱(static) 구동방식과 다이내믹(dynamic) 구동방식(펄스 구동)이 있다. 다이내믹 구동의 장점은 적은 수의 포트로 많은 LED를 이용한 표시를 제어할 수 있다는 것이다.

이 방식은 사람 눈의 잔상현상을 이용한 것으로 LED의 조합으로 이루어진 매트릭스(matrix) LED의 구동이나 많은 양의 LED를 구동할 경우 다이내믹 구동을 많이 이용하게 된다.

다이내믹 구동의 경우 LED가 점등하고 있는 시간을 직류 점등의 1/2로 하고, 직류 점등시보다 2배의 펄스 전류를 인가하면 시각적으로는 밝기가 동일하게 나타난다.

### 1. 용도별 발광 다이오드

발광 다이오드(LED)는 용도별로 조명용, 디스플레이 패널, 포토 커플러 및 복사기 등의 용도로 나눌 수 있다.

## (1) 조명용

최근 백색광 발광 다이오드 등을 이용한 조명으로는 액정 디스플레이(LCD)의 백라이팅을 위한 용도가 대표적이다.

백라이트용 백색 발광 다이오드가 과도한 전류에 의해 손실을 입는 것을 방지하고 전력손실을 줄이는 장치[1998-000270(일본)], 불규칙적인 휘도를 갖는 많은 점광원을 줄이고 평탄한 빛을 방사하게 하여 비용과 소비전력을 줄이는 것[1998-196894(일본)], 3색 발광 다이오드에 흐르는 전류를 통제하여 더 나은 화질을 실현하는 휴대전화기 용도의 장치[1999-012320(일본)] 등의 특허들이 소개되었다.

그밖에 발광 다이오드 광원과 렌즈의 배열[3100576(일본)]과 회로기판에 발광 다이오드 배열로 혼합도와 발광도를 개선시킨 특허들[1999-045178(일본)]이 소개되었다.

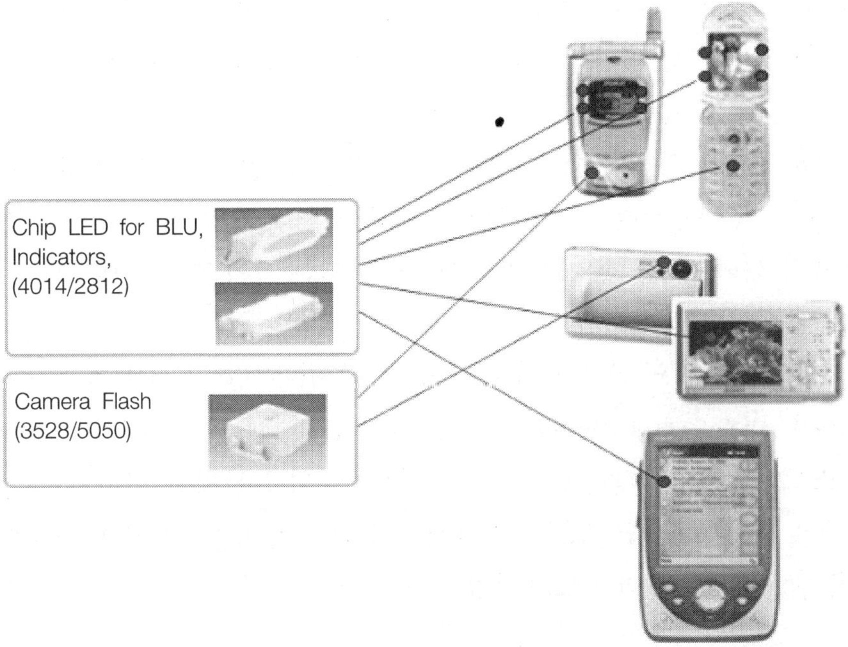


[그림 4-2] 백라이트

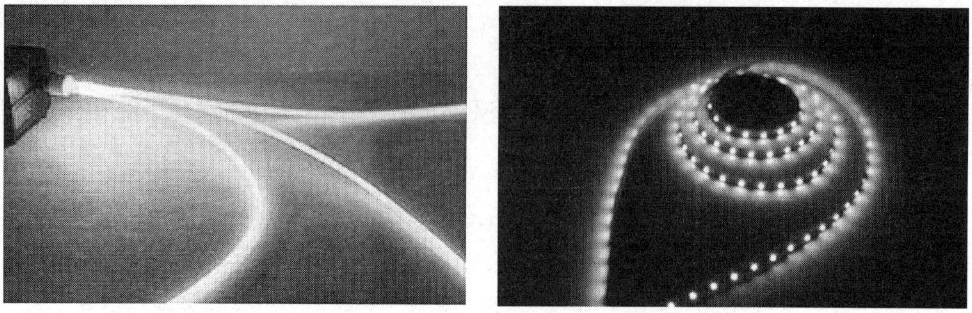

[그림 4-3] 경관 조명용 광섬유 및 LED 띠

## (2) 디스플레이 패널

발광 다이오드 구조를 변경시키거나, 발광 다이오드들 사이의 배열을 효율적으로 조절하여 선명한 화질과 고휘도를 얻은 특허들[특102539(한국), 3025315(일본), 2801800(일본), 3059828(일본), 2917816(일본), 특134863(한국)]이 소개되었으며, 간단한 회로를 이용하여 발광 다이오드 휘도의 불균일성을 해결한 특허[2917816(일본)]도 있다.

초기 고효율 청색 발광 다이오드 구현이 어려웠던 시기에는 다른 형태의 청색 램프를 사용하기도 하였는데, 디스플레이 패널을 제작하기 위하여 적색 및 녹색은 반도체 발광 다이오드로 하되 청색은 형광램프 또는 유기 발광 다이오드를 사용한 특허들이 출원되었다.

그 예로, 적색과 녹색은 반도체 발광 다이오드를 사용하고 청색은 형광램프를 사용한 천연색 디스플레이[1868254(일본)]가 (청색 발광 다이오드 제작이 어려웠던) 1989년에 소개되었으며, 1995년에는 적색과 녹색은 반도체 발광 다이오드를 사용하고 청색은 유기 발광 다이오드를 사용한 총천연색 발광 다이오드 디스플레이에 관한 특허[5,583,349(미국)]가 소개되었다.

## (3) 포토 커플러와 복사기용

복수의 광커플러 쌍들을 소형으로 패키징하기 위하여 검침부와 발광 다이오드 발광부를 잇는 축이 인쇄회로 기판의 수직축과 일정한 각도를 갖게 한 특허[5,677,245(미국)]가 소개되었다. 광프린터나 복사기의 헤드에 사용되는 발광 다이오드 어레이(array)의 제조공정에서 Zn 확산을 사용하여 발광 패턴의 균일성을 개선한 것[1998-274365(일본)], 발광 다이오드 어레이를 이용한 자기 주사형 발광 다이오드와 사이리스터(thyrister)를 적절히 이용하여 고품위 · 고속 · 고해상도로 감광체에 노광하는 기술[1998-337983(일본)], GaN계 발광 다이오드 소자의 발광층 적층구조의 단면에서 나오는 빛을 적절한 광학계와 결합하여 광효율을 저하시키지 않고 높은 해상도의 화상을 기록하는 장치[1999-117609(일본)] 등이 소개되었다.

## • 실습순서 •

# 1. 전후 자동 점멸기

전후 자동 점멸기(back & forth flasher)를 구성하고 동작을 확인한다.

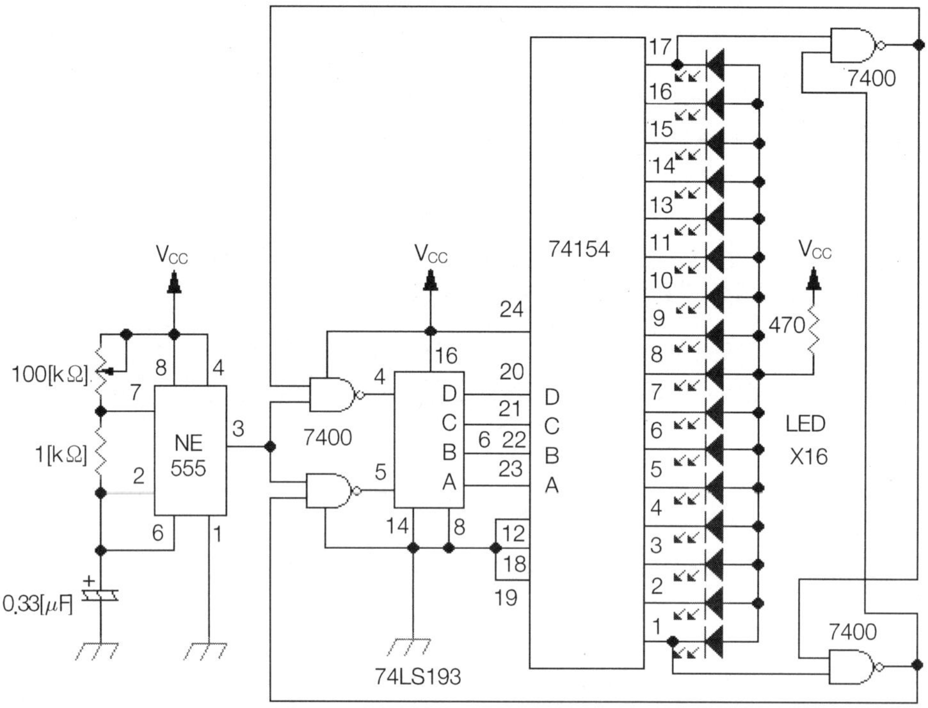


[그림 4-4] 전후 자동 점멸기 회로

## 2. 사인보드

회로를 구성하고 제어 프로그램을 작성하여 동작을 확인한다.

### (1) 회로도

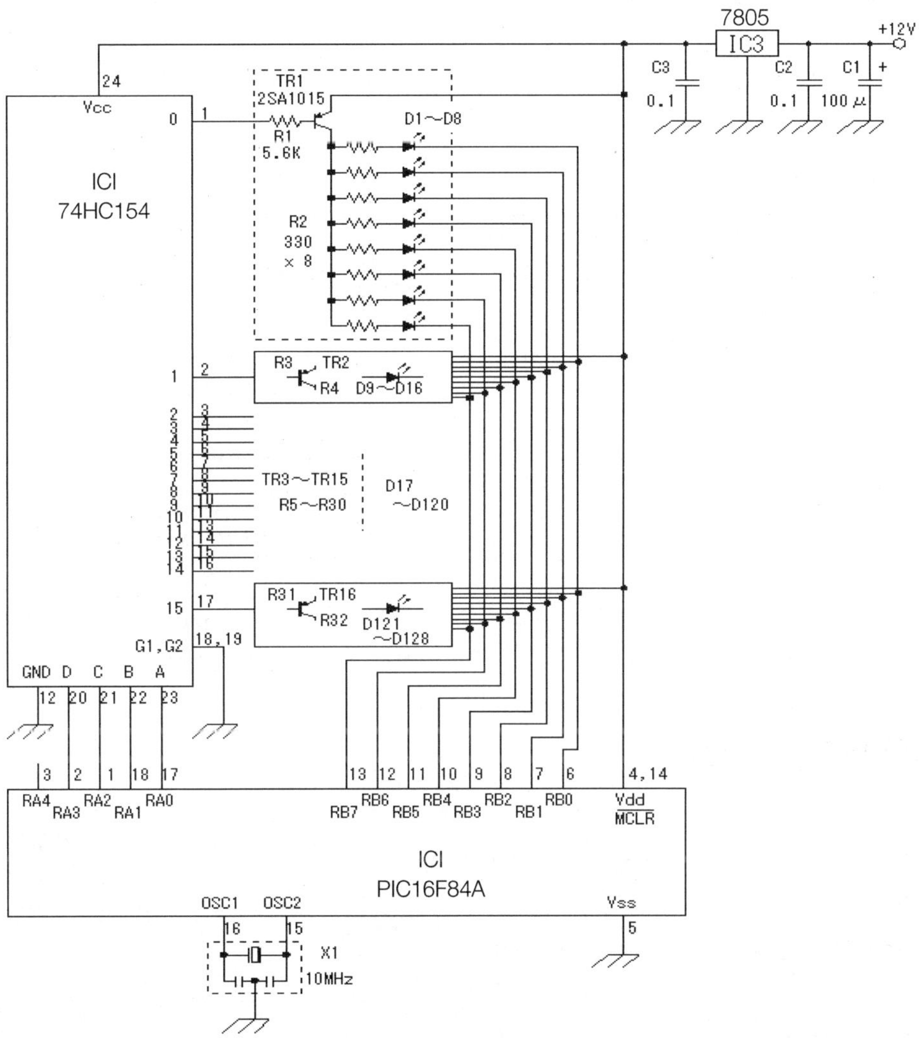

[그림 4-5] 사인보드(signboard) 회로

## (2) 순서도

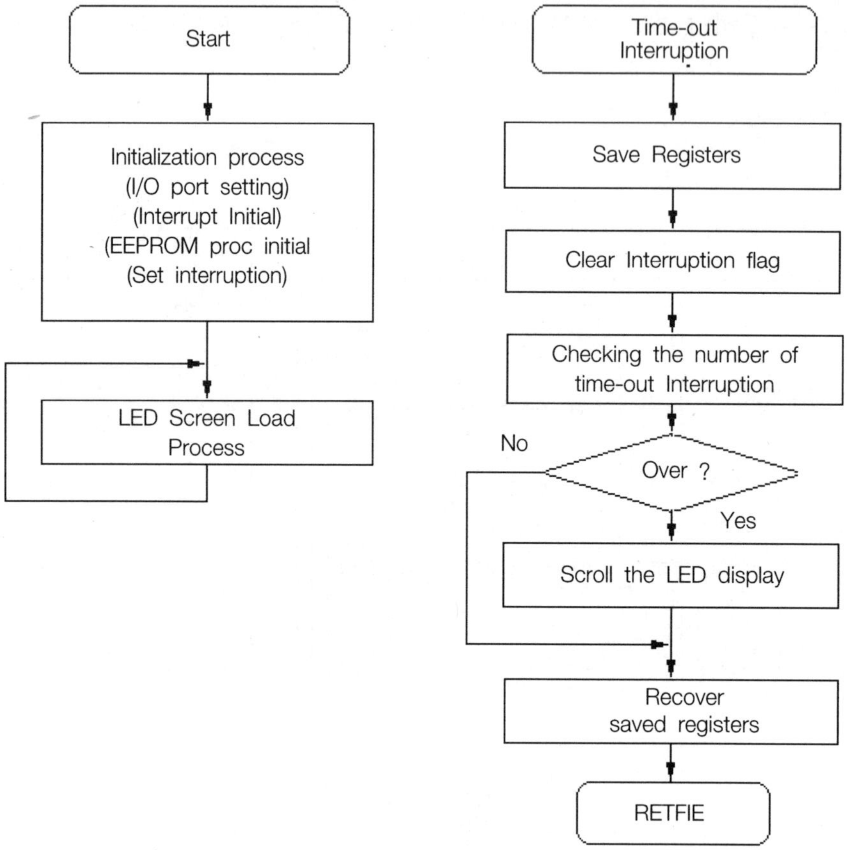


## (3) PIC 프로그램

```
;************************************************************
;
; The signboard control processing
;
; Author : 아무개
;************************************************************

    list    p=pic16f84a
    include   p16f84a.inc
```

```
    __config _hs_osc & _wdt_off & _pwrte_on & _cp_off

;***************   Label Definition   *******************
lpcnt      equu        0c     ;Screen loop counter adr
scrnidx    equ         0d     ;Screen data index adr
w_save     equ         0e     ;W register save adr
s_save     equ         0f     ;STATUS reg save adr
scrnhd     equ         10     ;Screen table head adr
tm_cnt     equ         20     ;Time adjust counter adr
e_adr      equ         21     ;EEPROM data adr
e_check    equ         22     ;EEPROM end check cnt adr
s_loop     equ         23     ;Screen data loop cnt adr
s_index    equ         24     ;Screen table index adr
s_work     equ         25     ;Screen data work area

;***********************
;*    Time adjust *
;***********************
;This data decides a scroll speed. Basic rate is 26msec.
tm_adj     equ         0c     ;Time adjust(26msec x 12)


;***********************
;* EEPROM data size *
;***********************
;If the data size is 30 bytes, then simply set d'30'.
e_size  equ  d'32'  ;EEPROM data size

;**************   EEPROM Data Definition   **************
 org    h'2100'
 de b'11111111'
 de b'11111111'
 de b'11100111'
 de b'11000011'
 de b'10000001'
 de b'10000001'
```

```
de b'11000011'
de b'11100111'
de b'11111111'
de b'11111111'
de b'01111110'
de b'00000000'
de b'01111110'
de b'11111111'
de b'11110111'
de b'00000111'
de b'11110111'
de b'00000111'
de b'11111111'
de b'00000111'
de b'01110111'
de b'00000111'
de b'11111111'
de b'00000111'
de b'01111111'
de b'00000111'
de b'11111111'
de b'00000111'
de b'01010111'
de b'01000111'
de b'11111111'
de b'11111111'

;*************** Program Start **********************
org 0 ;Reset Vector
goto init
org 4 ;Interrupt Vector
goto int

;*************** Initial Process *******************
org 5
init bsf status,rp0 ;Change to Bank1
```

```
clrf   trisa   ;Set PORTA to Output mode
clrf   trisb             ;Set PORTB to Output mode
movlw  h'07'             ;TOCS=0,PSA=0,PS2/1/0=111
movwf  option_reg        ;Set timer condition
bcf    status,rp0        ;Change to Bank0
movlw  h'00'             ;Set timer value
movwf  tmr0              ;TMR0=0 (255 counts)
movlw  tm_adj            ;Set time adjust value
movwf  tm_cnt            ;Save time adjust
clrf   e_adr             ;Clear EEPROM data adr
movlw  e_size            ;Set EEPROM data size
movwf  e_check           ;Save EEPROM end check
movlw  h'a0'             ;GIE=1,TOIE=1
movwf  intcon            ;Interruption enable

;*************   Screen Load Process   *****************
screen  bsf   intcon,gie ;Interrupt enable
movlw  d'16'             ;Set loop count
movwf  lpcnt             ;Save loop count
movlw  h'0f'             ;Set screen index
movwf  scrnidx           ;Save index
bcf    intcon,gie        ;Interrupt disable
scrnlp  movlw  h'ff'     ;Set LED off data
movwf  portb             ;Output Data
movf   scrnidx,w         ;Set Position
movwf  porta             ;Output Position
movlw  scrnhd            ;Set Table head address
addwf  scrnidx,w         ;Head + Index
movwf  fsr               ;Set Table address
movf   indf,w            ;Read Data
movwf  portb             ;Output Data
decf   scrnidx,f         ;Index - 1
decfsz lpcnt,f           ;Loop end ?
goto   scrnlp            ;No. Next line
goto   screen            ;Yes. Next screen

```

```
;***********  Begin Interruption Process  *************
int     movwf w_save            ;Save W register
        movf  status,w          ;Read STATUS reg
        movwf s_save            ;Save STATUS reg
        btfsc intcon,t0if       ;Time out interruption ?
        goto  timer_int         ;Jump to Timer process
        goto  init              ;Reset(Illegal interrupt)

;***********  END of Interruption Process *************
int_end movf  s_save,w          ;Read saved STATUS reg
        movwf status            ;Recover STATUS reg
        swapf w_save,f          ;Read saved W register
        swapf w_save,w          ;Recover W register
        retfie

;**********  Time-out interruption Process  ***********
timer_int
        bcf   intcon,t0if       ;Clear timer int flag
        movlw h'00'             ;Set timer value
        movwf tmr0              ;TMR0=0 (255 counts)
        decfsz tm_cnt,f         ;Time over ?
        goto  int_end           ;No. Retry
        movlw tm_adj            ;Set time adjust value
        movwf tm_cnt            ;Save time adjust

;***********  Screen data shift Process  **************
        movlw d'15‘             ;Set loop count
        movwf s_loop            ;Save loop count
        movlw scrnhd            ;Set screen head adr
        movwf s_index           ;Set screen adr
loop    incf  s_index,w         ;Inclement index
        movwf fsr               ;Set read addres
        movf  indf,w            ;Read data
        movwf s_work            ;Save data
        movf  s_index,w         ;Read index
        movwf fsr               ;Set write address
```

```
movf   s_work,w          ;Recover data
movwf  indf              ;Write data
incf   s_index,f         ;Inclement index
decfsz  s_loop,f         ;All shifted ?
goto   loop              ;No. Continue.

;*************   New data write Process   ***************
movf   s_index,w         ;Read index
movwf  fsr               ;Set write address
movf   e_adr,w           ;Read EEPROM address
movwf  eeadr             ;Set EEPROM address
bsf    status,rp0        ;Change to Bank1
bsf    eecon1,rd         ;Start EEPROM reading
bcf    status,rp0        ;Change to Bank0
movf   eedata,w          ;Read EEPROM data
movwf  indf              ;Write new data
incf   e_adr,f           ;Inclement data address
decfsz  e_check,f        ;End of EEPROM data ?
goto   int_end           ;No. Return
clrf   e_adr             ;Clear EEPROM data adr
movlw  e_size            ;Set EEPROM data size
movwf  e_check           ;Save EEPROM end check
goto   int_end           ;Return

;********************************************************
;    END of signboard control processing
;********************************************************

end
```

## 3. 실험결과에 대한 토의

## 4. 실험보고서 작성

## 5. 정리정돈

| 실습 과제명 | 4-2 교통신호등 제어회로 | | | |
|---|---|---|---|---|
| 목　　표 | ① 교통신호등의 특성을 알고, 제어회로를 구성할 수 있다.<br>② 교통신호등 제어회로를 설계할 수 있다.<br>③ 교통신호등용 램프를 적절하게 활용할 수 있다. | | | |
| **장비 및 공구** | **소요재료** | **규격** | **수량** | **안전 및 유의사항** |
| - 오실로스코프<br>- LED 특성측정기<br>- 브레드보드<br>- 직류전원장치<br>- 디지털 조도계<br>- 디지털 VM<br>- 회로시험기<br>- 마이크로스코프 | IC<br><br>X-TAL<br>LED<br><br>저항<br>콘덴서<br>기판 | 마이컴<br>8051<br>4[MHz]<br>고휘도<br>(R, G, Y)<br>470 외<br>10[$\mu$F] 외<br>55×40 | 1<br><br>1<br>16<br><br>16<br>3<br>3 | ① 장비 사용법을 익혀 부상과 장비 파손에 주의한다.<br>② 반도체 소자의 핀번호를 바르게 사용하여 손상이 없도록 한다.<br>③ DC 및 AC 전원을 바르게 연결하여 재료가 파손되지 않도록 한다.<br>④ 감전 등 안전에 주의한다. |

**[그림 4-6] 교통신호등의 예**

관계지식

## 1. LED 교통신호등 규격

### (1) 목 적

본 규격서는 합리적이고 경제적인 LED 교통신호등의 규격을 제정함으로써 제품의 기술 및 향상을 도모하고, 제품 표준화를 통한 일관성과 안전성을 기하여 유지 및 보수시 편의를 도모하고자 한다.

### (2) 적용범위

직경 300[mm]와 200[mm] 차량용 LED 신호등 모듈에 대한 최소 성능요건을 목적으로 하며, 도로교통법 제4조에 규정된 교통신호등에 적용한다.

### (3) 규격서 명칭

본 규격서의 명칭은 기존신호등 대체용 LED 교통신호등 규격서(안)라 한다.

### (4) 일반사항

① 본 규격서에 적용되는 규격 및 사양 등은 특별한 지정이 있는 경우를 제외하고 최신판을 사용하여야 한다.

② 본 규격서에 규정이 없는 사항은 도로교통법, 도로교통법 시행규칙 및 교통안전시설 실무편람을 적용한다.

③ 본 규격서에서 정의되는 교통신호등의 종류에는 크게 차량등과 보행자등이 있으며 다음과 같다.

| 종 류 | | 렌즈의 부분 |
|---|---|---|
| 차량등 | 2색등 | 적색, 녹색 |
| | 3색등 | 적색, 황색, 녹색 |
| | 4색등 | 적색, 황색, 녹색화살표, 녹색 |
| | 가변등 | 적색×표, 녹색화살표 |
| | 경보등 | 황색 |
| 보행자등 | 2색등 | 적색, 사람 정지모양<br>녹색, 사람 보행모양 |

## 2. 신호등의 구조적 요건

### (1) 개 요

LED 교통신호등 모듈 설계기준은 유지보수를 위한 최소 요건을 규정한 것으로서 변화를 요구하는 어떠한 구성요소도 광학적 성능에 영향을 미치지 않고, 쉽게 적용되도록 설계하여야 한다.

신호등두는 KS 규격제품을 사용하여야 하며, 8.4항에서 규정된 충격시험 · 진동시험 · 온도시험을 충족시키는 데 적설하여야 한다.

신호등을 종류별로 만드는 방식은 도로교통법 시행규칙 제5조 별표 4에 의하고, 부품은 다음 표와 같다.

※ 주 PCB(Printed Circuit Board) : 회로설계를 통한 LED 소자의 배열판을 말함.

| 부 품 | | | 비 고 |
|---|---|---|---|
| 외 함 | 함 체 | | |
| | 문 | | |
| | 챙 | | |
| | 배면판 | | 보행등 제외 |
| 광학장치 | 렌즈 | | 화살표, ×표, 사람모양 포함 |
| | LED 모듈 | 기판(PCB) | 기판의 바탕색은 흑색 |
| | | 구동회로 | |
| | 소켓 | | |
| | 단자판 및 배선 | | |

### (2) 신호등두

광학적 구성요소를 포함하는 신호등두는 설치(구성요소의 교체 포함) 후 규격 및 공급자에 의해 정의되는 내구연한 기간 동안 광학적 기계적 요건이 보증되도록 설계되어야 한다.

신호등두의 설치는 여러 가지 형식으로 이루어지며, 일반적으로 지주형식과 현수선(wire)을 포함하는 지주형식으로 분류될 수 있다. 어떠한 형식으로 설치되든 간에 지주 설계시 고려되는 풍하중을 견딜 수 있도록 하여야 한다.

전기 및 전자 설비가 지주 안에 수용되는 경우에는 특별한 외함에 의하거나 또는 지주 및 신호등두 조립품에 의하거나 어느 한쪽에 의하여 필요한 보호를 제공하는 구조로 되어야 한다. 신호등두는 신호등의 종류에 따라 신호등의 면을 수직, 또는 수평으로 장치할 수 잇도록 하여야 하고, 배면판을 부착할 수 있고, 방수·방진(防塵) 장치가 되어 있어야 한다.

문은 기존 전구식 신호등의 모듈 교환 등 광학장치의 내부를 수리할 때 쉽게 조작할 수 있도록 종형은 좌에서 우로, 횡형은 아래서 위로 개폐할 수 있는 장치로 되어야 한다.

챙은 신호등의 면에 따라 수직, 또는 수평으로 부착할 수 있어야 한다. 함체 및 챙을 플라스틱 재료로 성형할 경우 폴리카보네이트(KSM 3153) 혹은 동등 이상의 특성을 가진 내후성이 우수한 성형수지 재료를, 또 상기 이외의 재료를 사용할 경우는 방수처리를 한 후 소부도장 또는 동등 이상의 도장을 하여야 한다.

배면판은 신호등의 종류에 따라 결합하되 무광 흑색판에 둘레는 표면처리하고 표면이 벗겨지거나 변색이 되어서는 안된다. 함체 · 문 및 챙은 각각 단일제품으로 사출된 구조이어야 하며, 함체 · 문 · 챙 등에는 제작회사 상호를 표시한다.

## 3. 신호등의 광학장치

렌즈는 신호등의 종류에 따라 직경 200[mm], 300[mm] 원형으로 하되 적색 · 황색 · 녹색으로 구분된 착색렌즈를 사용하여야 한다. 렌즈는 균질의 우량한 유리, 또는 수지계의 재료(KSM3153)를 사용하고, 신호등 광출력 성능에 영향을 주는 거품 모양의 결점 · 긁힘 · 뒤틀림 · 얼룩, 그 외의 결점이 없는 것이어야 한다.

LED 인쇄기판은 외함 내측에 설치할 수 있는 구조라야 한다. 배선은 단심 비닐 코드로 하고, 단자판과 LED 신호등 모듈에 연결시키되 외함 문을 열었을 때 지장이 없도록 되어 있어야 한다. 렌즈 등의 광학장치에는 제작회사 상호를 표시한다.

## 4. 성 능

### (1) 렌 즈

본 규격서에서는 교통신호등에 사용되는 적색 · 황색 · 녹색의 색상을 취급하며, 렌즈의 규격은 200[mm] 신호등에 대하여는 210[mm], 300[mm] 신호등에 대하여는 300[mm] 규격을 사용하여야 하며, 렌즈의 두께의 최소한 6.5[mm] 이상이어야 한다.

LED 교통신호등 모듈은 다음과 같은 일반적인 특성을 포함하여야 한다.

① 대체용 LED 신호등 모듈은 기존 착색렌즈를 사용하거나 대체할 수 있어야 한다.

② 렌즈는 엷은 색을 넣거나 투명한 필름을 사용하여야 하며, 점등과 소등시 색상 대비를 증가시키는 특성을 지닌 재질을 사용하여 제작할 수 있다. 엷은 색을 넣거나 점등 · 소등의 대비를 증가시키는 재질을 사용하는 것은 광

도와 색도에 영향을 주지 않는 방향으로 하고, 렌즈 표면에 걸쳐 균일하게 되도록 하여야 한다.

③ 폴리머 렌즈를 사용할 경우에는 표면 코팅이나 화학적 표면처리에 의하여 표면 마모가 되지 않도록 하여야 한다.

## (2) 색 도

색상은 색채계의 광량에 의하여 알맞게 명기한다. 신호등 색상의 경우 목적에 따른 알맞은 세 가지의 광량은 색상의 색도를 규정하는 2개의 숫자, 즉 채도와 렌즈 재질의 빛 전달을 규정짓는 하나의 숫자로 이루어진다.

일반적으로 두 관찰자가 직접 관찰을 할 경우라도 발광기능과 색도시각의 차이 때문에 같은 숫자를 얻을 수는 없기 때문에 가상의 평균적인 표준 관찰자에 의하여 그런 숫자들로 표현하는 것이 바람직하다. 이와 같은 평균적인 관찰자는 국제조명위원회(CIE)의 1931년 캠브리지 회의에서 채택된 결의에 의해서 정의된다.

국제조명위원회에서 규정한 표준 관찰자에 의하여 표현하는 색상의 색도는 X, Y, Z의 합은 항상 동일하기 때문에 색도는 단지 X, Y를 주어짐으로써 알맞게 정해진다.

### 1) 색도좌표의 한계값

교통신호등 모듈의 측정된 색도좌표는 국제조명위원회가 정한 색도좌표계 요건에 따르되 500[nm]와 650[nm] 사이에 있어야 한다.

측정된 색도 좌표는 교통안전시설 실무편람에서 정한 〈표 4-1〉과 같은 한계값 안에 포함되어야 한다.

〈표 4-1〉 색도 범위 및 좌표

| 렌즈색 | 제한구역 | 좌 표 | | |
|---|---|---|---|---|
| | | 위치 | x | y |
| 적색 | 황색 | 가 | 0.655 | 0.335 |
| | | 나 | 0.665 | 0.335 |
| | 적색 | 다 | 0.700 | 0.290 |
| | | 라 | 0.710 | 0.290 |
| 황색 | 녹색 | 마 | 0.555 | 0.435 |
| | | 바 | 0.612 | 0.440 |
| | 백색 | 마 | 0.555 | 0.435 |
| | | 사 | 0.612 | 0.382 |
| | 적색 | 사 | 0.612 | 0.382 |
| | | 아 | 0.618 | 0.382 |
| 녹색 | 황색 | 자 | 0.009 | 0.720 |
| | | 차 | 0.284 | 0.520 |
| | 백색 | 차 | 0.284 | 0.520 |
| | | 타 | 0.184 | 0.359 |
| | 청색 | 카 | 0.028 | 0.385 |
| | | 타 | 0.183 | 0.359 |

### 2) 렌즈의 상대시감 투과율

LED 교통신호등 전면의 렌즈는 선택적으로 착색된 렌즈, 또는 무색투명렌즈를 사용하여야 하나, 착색렌즈를 사용할 경우 관찰자의 시감에 따라 광도가 달리 느껴질 수 있으므로 렌즈 색상별 시감률을 다음과 같이 규정한다.

| 렌즈 색상 | 상대시감 투과율 |
|---|---|
| 적색 | 0.095 |
| 황색 | 0.440 |
| 녹색 | 0.190 |

## (3) 광 도

① 상온(25℃)에서 LED 교통신호등 모듈의 최소 광도는 〈표 4-2〉로 규정한다.

② LED 신호등이 작동온도 범위(-33℃~74℃) 내에서 작동될 때 광도값은 10% 이상의 변화를 가져서는 안 된다.

③ 보증기간 동안 LED 교통신호등 모듈이 유지해야 할 최소 유지광도는 〈표 4-2〉에 나타난 값보다 작아서는 안 된다.

④ LED 신호등 모듈 제작자는 보증기간 동안 통제되고 독립된 실험에서 최소 광도값의 순응 여부를 시험하는 과정이 가능하도록 해야 한다. 대안으로 제작자는 LED 교통신호등 모듈의 광도를 현장 측정할 수 있는 이동가능한 광도를 유지하여야 한다.

⑤ 차량신호등의 광도는 착색렌즈로 전방 10m 거리에서 〈표 4-2〉의 수치 이상이 되어야 한다.

**〈표 4-2〉 LED 신호등 최소 유지광도 기준(안)(직경 300[mm])**

(단위 : [cd])

| 하향수직각 | 좌우향 수평각 | | | | | |
|---|---|---|---|---|---|---|
| | 2.5° | 7.5° | 12.5° | 17.5° | 22.5° | 27.5° |
| 2.5° | 339 | 251 | 141 | 77 | - | - |
| 7.5° | 226 | 202 | 145 | 89 | 38 | 18 |
| 12.5° | 50 | 48 | 44 | 34 | 22 | 16 |
| 17.5° | 22 | 22 | 22 | 22 | 20 | 16 |

⑥ 화살표 및 가변신호등의 휘도는 전기 (4)항의 측정방법으로 〈표 4-3〉의 값 이상이어야 하고, 5,085[cd/㎡] 이하이어야 하며, 측정값은 6 : 1비율을 초과되어서는 안 된다.

〈표 4-3〉 화살표 및 가변신호등의 휘도 분포(단위 : [cd/m²])

| 하향수직각 | 좌우향 수평각 | |
|---|---|---|
| | 0° | 15° |
| 0° | 2,260 | 678 |
| −15° | 678 | 678 |

※ 보행자신호등의 최소 광도기준은 3,750[cd/m²] 이상이며, 최대와 최소의 광대광 대비는 4 : 1이어야 한다.

## 1. 신호등 설계조건

① 신호등의 켜지는 순서는 '녹색', ' ←'은 동시에 다음에는 '황색', 다음에는 '적색'이 점등되게 하시오.

| | 구 분 | 횡으로부터 배열(좌) |
|---|---|---|
|  | 4색등화 | 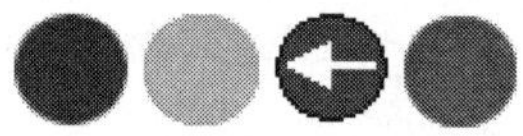 |
| | 3색등화 |  |
| | 2색등화 |  |

② 교차로의 차량 진행 방향은

① → ② → ③ → ④ → ① ……

③ 신호등의 켜져 있는 시간은 다음과 같다.

–'녹색', '←' : 5초간

–'황색' : 1초간

–'적색' : 대기시간 동안 계속

④ 진행신호등 이외의 신호등은 적색신호만 점등되어 있어야 한다.

⑤ 83C51의 출력은 P0, P1을 사용한다.

– 신호등 ①은 P0.0-P0.3

– 신호등 ②는 P0.4-P0.7

– 신호등 ③은 P1.0-P1.3

– 신호등 ④는 P1.4-P1.

⑥ 신호등의 색깔은 '녹색', ←, '황색', '적색'의 순으로 균등하게 배치한다.

## 2. 신호등 제어회로 설계

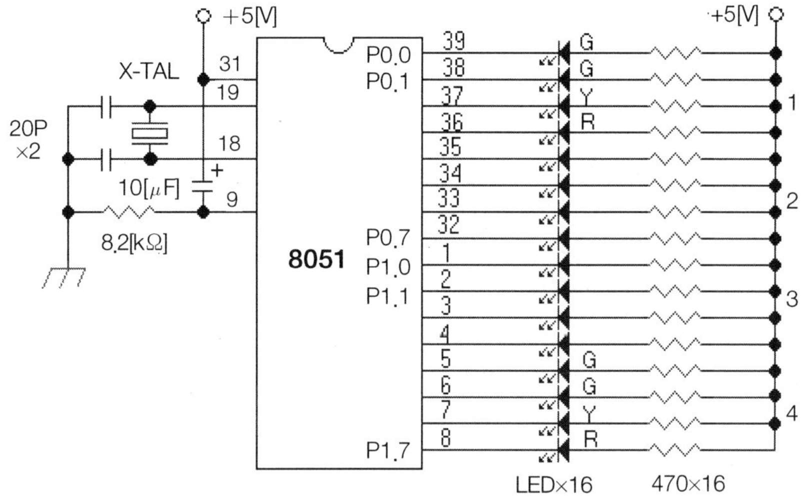


[그림 4-7] 신호등 제어회로

## 3. 교차로 신호등 제어회로 제어 코드표

| 차량 방향 | 포트 | 7 적색 | 6 황색 | 5 ← | 4 녹색 | 3 적색 | 2 황색 | 1 ← | 0 녹색 | 시간 | |
|---|---|---|---|---|---|---|---|---|---|---|---|
| 1 직, 좌 | P0 | | | | | | | | | 5 | |
| | P1 | | | | | | | | | | |
| 1 황색 | P0 | | | | | | | | | 1 | |
| | P1 | | | | | | | | | | |
| 2 직, 좌 | P0 | | | | | | | | | 5 | |
| | P1 | | | | | | | | | | |
| 2 황색 | P0 | | | | | | | | | 1 | |
| | P1 | | | | | | | | | | |
| 3 직, 좌 | P0 | | | | | | | | | 5 | |
| | P1 | | | | | | | | | | |
| 3 황색 | P0 | | | | | | | | | 1 | |
| | P1 | | | | | | | | | | |
| 4 직, 좌 | P0 | | | | | | | | | 5 | |
| | P1 | | | | | | | | | | |
| 4 황색 | P0 | | | | | | | | | 1 | |
| | P1 | | | | | | | | | | |

## 4. LED 점등 프로그램 작성

① LED 점등 프로그램

```
ST :        ORG 0H
            MOV SP, #40H
            ; ①번 신호등의 진행방향
            MOV A, #0111 1100B
            MOV P0, A
            MOV A, #0111 0111B
            MOV P1, A
            CALL DELAY 1

            MOV A, #0111 1011B
            MOV P0, A
            MOV A, #0111 0111B
            MOV P1, A
            ; ②번 신호등의 진행방향
            CALL DELAY 2
            MOV A, #1100 0111B
            MOV P0, A
            MOV A, #0111 0111B
            MOV P1, A
            CALL DELAY 1
            MOV A, #1011 0111B
            MOV P0, A
            MOV A, #0111 0111B
            MOV P1, A
            CALL DELAY 2
            ; ③번 신호등의 진행방향
            MOV A, #0111 0111B
            MOV P0, A
            MOV A, #0111 1100B
            MOV P1, A
            CALL DELAY 1
            MOV A, #0111 0111B
            MOV P0, A
            MOV A, #0111 1011B
            MOV P1, A
            CALL DELAY 2
            ; ④번 신호등의 진행방향
            MOV A, #0111 0111B
```

```
                    MOV P0, A
                    MOV A, #1100 0111B
                    MOV P1, A
                    CALL DELAY 1
                    MOV A, #0111 0111B
                    MOV P0, A
                    MOV A, #1011 0111B
                    MOV P1, A
                    CALL DELAY 2
                    ;
                    JMP ST
                    ; 지연 서브루틴 5초
DELAY1 :            MOV R1, #50
LP1 :               MOV R2, #200
LP2 :               MOV R3, #249
                    DJNZ R3, $
                    DJNZ R2, LP2
                    DJNZ R1, LP1
                    RET
                    ; 지연 서브루틴 1초
DELAY2 :            MOV R1, #10
LP3  :              MOV R2, #200
LP4  :              MOV R3, #249
                    DJNZ R3, $
                    DJNZ R2, LP4
                    DJNZ R1, LP1
                    RET
                    ;
                    END
```

② 프로그램이 완성되면 SIGNXXX.ASM으로 저장한다. 여기서 SIGNXXX는 임의의 파일명이다.

③ C : ₩8051〉A51 SIGNXXX.ASM [ENTER]

④ C : ₩8051〉OHS51 SIGNXXX.OBJ [ENTER]

⑤ 3, 4D의 과정으로 어셈블한다.

⑥ P0.0 - P0.3의 핀에 연결된 신호등이 '녹색', '황색', '적색'의 순으로 연결되었을 때 직진과 좌회전 신호등을 켜기 위한 코드는?

⑦ 89C51의 핀 번호 1-8번과 32-39번이 각각 어떤 포트 레지스터에 연결되어 있는가?

⑧ P0 포트에 ① 신호등은 P0.0-P0.3에, ② 신호등은 P0.4-P0.7에 연결되어 있고, 신호등이 '녹색', '←', '적색'의 순서로 연결되었다. ② 신호등이 직진과 좌회전 신호등이 켜지게 프로그램을 2줄로 쓰시오.

## 5. 실험결과에 대한 토의

## 6. 실험보고서 작성

## 7. 정리정돈

| 실습 과제명 | 4-3 도트 매트릭스 LED 회로 |
|---|---|
| 목 표 | ① LED 응용회로를 구성하고, 측정할 수 있다.<br>② LED 응용회로를 설계할 수 있다.<br>③ LED을 응용회로에 적절하게 활용할 수 있다. |

| 장비 및 공구 | 소요재료 | 규격 | 수량 | 안전 및 유의사항 |
|---|---|---|---|---|
| − 오실로스코프 | IC | PIC16C84 | 1 | ① 장비 사용법을 익혀 부상과 장비 파손에 주의한다.<br>② 반도체 소자의 핀번호를 바르게 사용하여 손상이 없도록 한다.<br>③ DC 및 AC 전원을 바르게 연결하여 재료가 파손되지 않도록 한다.<br>④ 감전 등 안전에 주의한다. |
| − 광특성 측정기 | | SN7404 | 2 | |
| − 브레드보드 | | SN74154 | 1 | |
| − 직류전원장치 | | SN7447 | 3 | |
| − 디지털 조도계 | | LM3900 | 1 | |
| − 디지털 전압계 | | AN6884 | 3 | |
| − 마이크로스코프 | X-TAL | 10[MHz] | 24 | |
| | LED | 적, 녹, 청 | 1 | |
| | 저항 | 10[kΩ] 외 | 21 | |
| | 콘덴서 | 22[μF] 외 | 14 | |

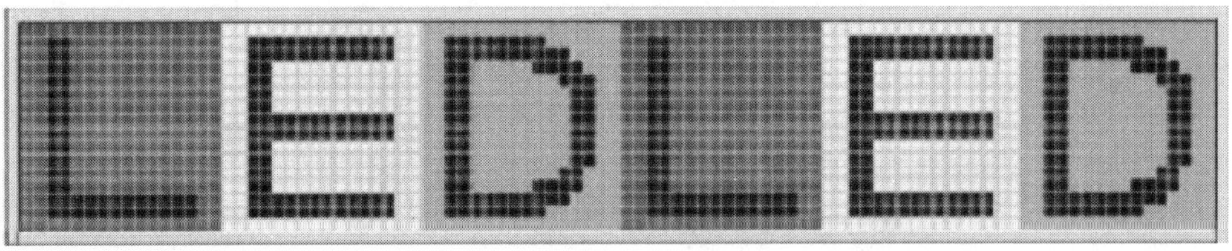


[그림 4-8] 도트 매트릭스 LED 전광판

## 관계지식

매트릭스 LED란 LED를 [그림 4-9]와 같이 매트릭스(행렬)의 형태로 나열한 것으로 대표적으로 5×7, 8×8, 16×16 등의 매트릭스로 이루어진 것과 컬러 수에 따라 싱글(single, 단색) 또는 멀티(multi, 다색)라고  불리고 있다. 이러한 LED를 사용한 디스플레이 장치는 고휘도에 수명이 길다는 장점이 있다.

매트릭스 LED를 구동시키는 방법에는 스태틱 구동(static drive)과 다이내믹 구동(dynamic drive)의 2가지 방법이 있다.

① 스태틱 구동의 경우는 시프트 레지스터의 비트를 LED 갯수만큼 준비하고, 여기에 데이터를 보내어 점등하는 방식으로 한 번에 모든 LED를 on/off 한다.

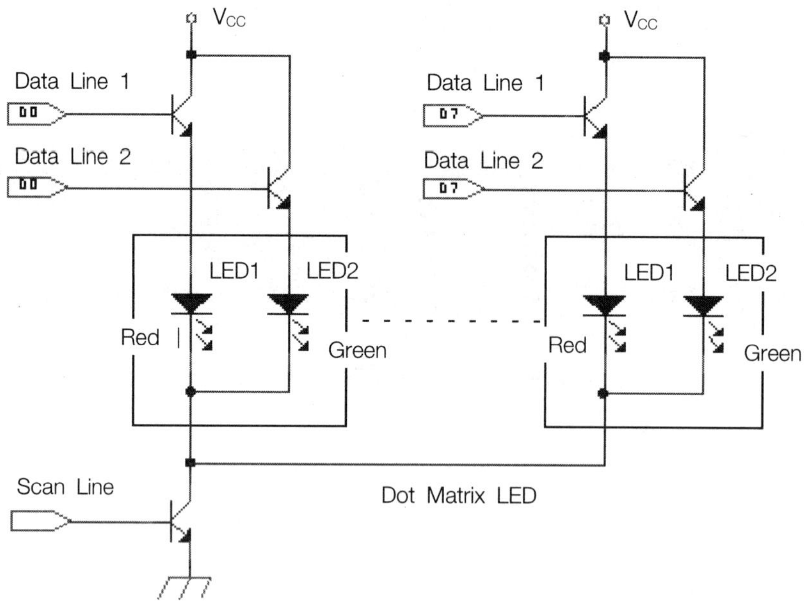


[그림 4-9] 매트릭스 LED의 동작원리

② 다이내믹 드라이브는 매트릭스 LED를 1행씩 스캔하면서 LED를 on/off 하는 방식으로 CRT의 표시방법과 동일한 방법으로 구동하게 되는 것이다.

[그림 4-9]의 예와 같이 스캔 라인과 데이터 라인으로 구성되어 스캔 라인에 의해 각 행, 또는 열을 1행씩 스캔하면서 데이터 라인에 의해 동기된 데이터를 출력하는 방식이다.

만약 데이터 라인 1과 스캔 라인이 on인 경우 적색의 LED가 점등하게 되고, 데이터 라인 2와 스캔 라인이 on인 경우는 녹색의 LED가 점등하게 된다. 그리고 두 개의 데이터 라인과 스캔 라인이 모두 on인 경우는 적색과 녹색이 모두 점등하게 되어 두 개의 색이 합쳐진 오렌지색에 가까운 LED 출력이 나타나게 된다.

다이내믹 드라이브 방식은 스태틱 드라이브에 비해 휘도가 낮고, 스캔 주파수가 낮은 경우에 깜박거림이 일어난다는 점에서는 다소 떨어진다고 할 수 있으나 구동회로가 간단하기 때문에 저가격으로 대화면의 구성에 적합하다.

## • 실습순서 •

LED는 일반 전자기기의 표시등이나 숫자 표시에 사용됨으로써 우리생활과 친숙해졌다. 초창기에는 낮은 휘도와 색깔의 한계가 있었으나 현재 새로운 LED 원재료와 진보된 생산기술로 백색을 포함한 가시광선 영역의 모든 색깔의 고휘도 LED가 생산되고 있다.

이러한 고휘도 · 고효율 그리고 다양한 색깔의 LED는 이미 선진국 및 국내에서 대형 전광판, 비상구등, 교통신호등, 승용차 · 트럭 등의 각종 표시등에 응용되고 있다. 결국 기존 광원을 대체하게 될 것이다.

LED는 작고, 가볍고, 내구성이 크며, 긴 수명은 향후 한층 더 광범위한 영역에서 응용될 것이다.

여기에서는 도트 매트릭스(dot matrix) LED, 3채널 LED 스펙트럼, 디지털 레이더 스피도미터(digital radar speedometer), 사인보드(signboard) EMD 등의 과제를 제시하였다.

### 1. 도트 매트릭스

5×7 도트 매트릭스 LED가 PIC16F84에 연결되어 있을 때 위로부터 한 라인씩 점등한다.

## (1) 순서도

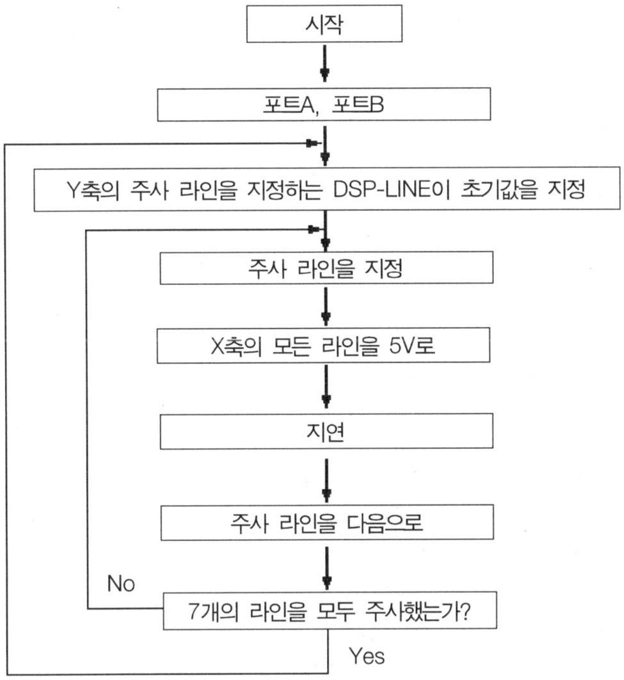


## (2) 5×7 매트릭스 LED와 PIC 구동회로

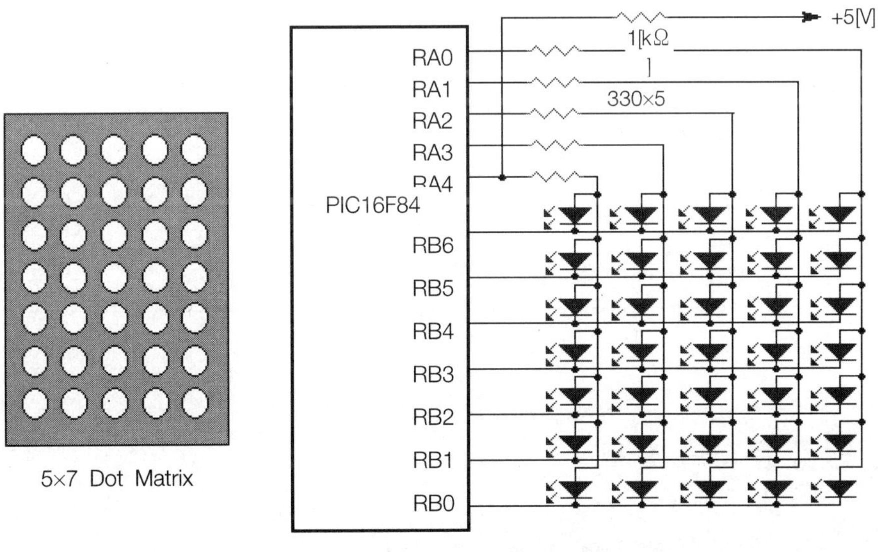


[그림 4-10] 5×7 매트릭스 LED와 PIC 구동회로

## (3) PIC 프로그램

```
        ORG     0

        BSF     STATUS,RP0
        CLRW
        MOVWF   TRISA
        MOVWF   TRISB
        BCF     STATUS,RP0
START
        MOVLW   B'10111111'
        MOVWF   DSP_LINE
LOOP    MOVF    DSP_LINE,W
        MOVWF   PORTB
        MOVLF   B'11111111'
        MOVWF   PORTA
        CALL    DELAY
        BSF     STATUS,CF
        RRF     DSP_LINE
        BTFSC   STATUS,CF
        GOTO    LOOP
        GOTO    START
        ;
        ;       SUBROUTINE
        ;
DELAY   CLRF    DLY_CNT1
LP1     CLRF    DLY_CNT2
LP2     CLRF    DLY_CNT2
        GOTO    LP2
        DECFSZ  DLY_CNT1
        GOTO    LP1
        RETURN
        END
```

# 2. 단일 문자의 표시

5×7 도트 매트릭스 LED에 A자를 표시한다.

## (1) 순서도

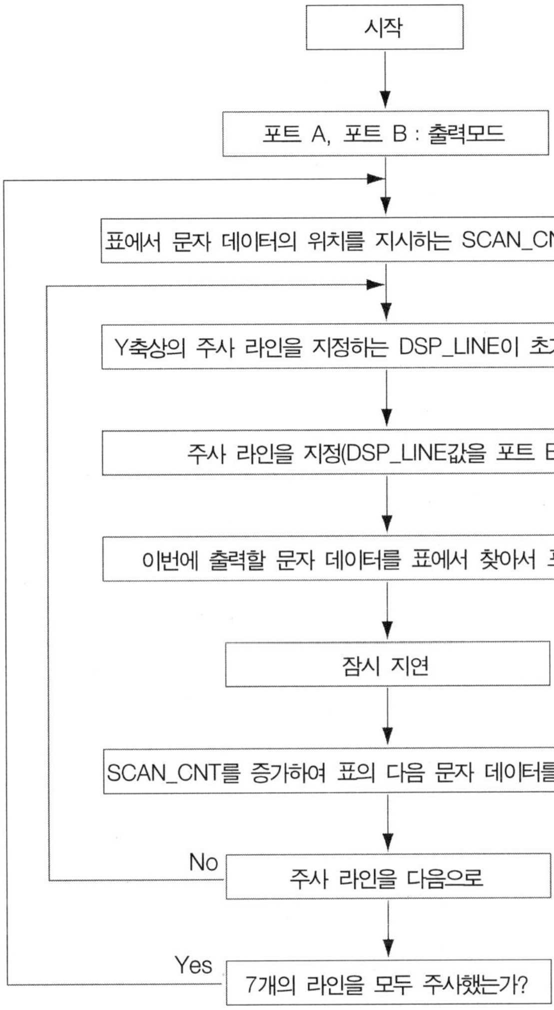
시작
포트 A, 포트 B : 출력모드
표에서 문자 데이터의 위치를 지시하는 SCAN_CNT의 초기값
Y축상의 주사 라인을 지정하는 DSP_LINE이 초기값을 지정
주사 라인을 지정(DSP_LINE값을 포트 B에)
이번에 출력할 문자 데이터를 표에서 찾아서 포트 A에
잠시 지연
SCAN_CNT를 증가하여 표의 다음 문자 데이터를 지시하도록
No
주사 라인을 다음으로
Yes
7개의 라인을 모두 주사했는가?

## (2) PIC 프로그램

```
            ORG         0

            BSF         STATUS,RP0
            CLRW
            MOVWF       TRISA
            MOVWF       TRISB
            BCF         STATUS,RP0

START
            CLRW
            MOVWF       SCAN_CNT
            MOVLW       B'10111111'
            MOVWF       DSP_LINE

LOOP        MOVF        DSP_LINE,W
            MOVWF       PORTB

            MOVF        SCAN_CNT,W
            CALL        GET_DATA
            MOVWF       PORTA

            CALL        DELAY

            INCF        SCAN_CNT

            BSF         STATUS,CF
            RRF         DSP_LINE
            BTFSC       STATUS,CF
            GOTO        LOOP
            GOTO        START
            ;
            ;           SUBROUTINE
            ;
DELAY       CLRF        DLY_CNT
LP1         DECFSZ      DLY_CNT
            GOTO        LP1
            RETURN

GET_DATA
            ADDWF       PC,1
```

```
        RETLW               B'00000100'
        RETLW               B'00001010'
        RETLW               B'00010001'
        RETLW               B'00010001'
        RETLW               B'00011111'
        RETLW               B'00010001'
        RETLW               B'00010001'

        END
```

## 3. 실험결과에 대한 토의

## 4. 실험보고서 작성

## 5. 정리정돈

| 실습 과제명 | 4-4 광파이버 디스플레이 회로 | | | |
|---|---|---|---|---|
| 목 표 | ① 광파이버 디스플레이 회로의 구조 및 원리를 안다.<br>② 광파이버 디스플레이 회로를 설계할 수 있다.<br>③ 광파이버 디스플레이 회로를 적절하게 응용할 수 있다. | | | |
| **장비 및 공구** | **소요재료** | **규격** | **수량** | **안전 및 유의사항** |
| –디지털 VM<br>–Am meter<br>–브레드보드<br>–직류전원장치<br>–광섬유 연마기<br>–광섬유용 공구<br>–마이크로스코프<br>–오실로스코프 | 이미지 파이버<br>플라스틱 파이버<br>렌즈<br>포토 TR<br>IC<br>TR<br>램프 및 반사경<br>컬러필터<br>모터<br>저항<br>콘덴서<br>차단기<br>환풍기 | BP-E25<br>125<br>+50<br>MFOD72<br>CD4011<br>C1815 외<br>20W<br>6컬러<br>감속<br>220[kΩ] 외<br>0.01[μF]<br>220[V]3[A]<br>12.5[mm] | 1<br>1km<br>2<br>1<br>2<br>3<br>1<br>1<br>1<br>7<br>1<br>1<br>1 | ① 장비 사용법을 익혀 부상과 장비 파손에 주의한다.<br>② 반도체 소자의 핀번호를 바르게 사용하여 손상이 없도록 한다.<br>③ DC 및 AC 전원을 바르게 연결하여 재료가 파손되지 않도록 한다.<br>④ 감전 등 안전에 주의한다.<br>⑤ 화재예방 등 안전장치를 확인한다. |

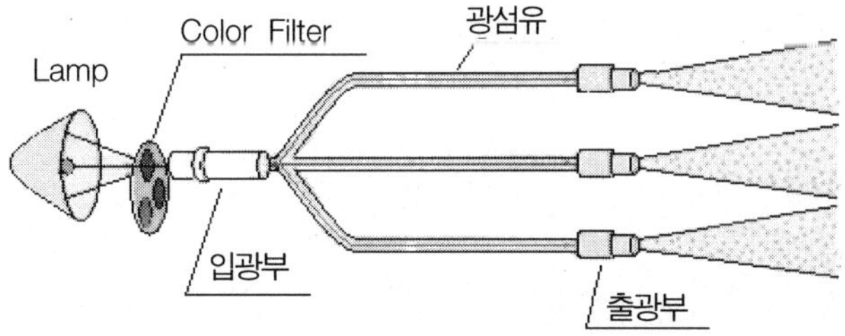


**[그림 4-11] 광파이버와 디스플레이 구성도**

## 관계지식

광파이버를 이용한 화상 직접 전송방식으로 광파이버 스코프가 있다. 광파이버 스코프는 가늘어서 잘 구부러지므로 인체의 내부를 직접 관찰하는 위 카메라로서 사용되며, 의료분야를 중심으로 발전하였다. 저손실 석영 파이버의 제조기술을 응용하여 빛의 전송로로서 이미지 광파이버가 개발되어 수십 미터의 직접화상 전송이 가능해졌다.

### 1. 파이버 스코프의 구조

파이버 스코프의 기본 구성은 [그림 4-12]와 같이 대물렌즈계, 전송부, 접안렌즈계로 이루어진다. 광파이버를 이용하여 화상을 직접 전송하는 장치이다.

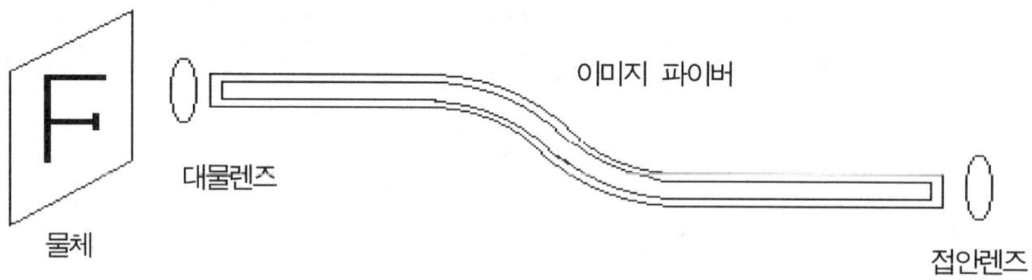


**[그림 4-12] 이미지 파이버를 이용한 광파이버 스코프**

#### (1) 대물렌즈계

관찰물의 상을 이미지 파이버의 단면에 결상시키는 것인데 관찰물의 크기, 관찰물과의 거리($d$) 등에 따라서 초점거리($f$), 시야각($\theta$)이 설정된다. $f$에 비해서 $d$가 비교적 짧은 경우나 $d$가 긴 범위에 걸쳐서 변화하는 경우에는 핀트 조정기구가 설치되지만 일반적으로 고정 초점방식이 많이 사용된다.

이밖에 사용목적에 따라서는 관찰방향(직시, 측시, 측시 회전), 조명방향을 변화할 수 있도록 또 내열성, 송기 송수기구나 선단 퍼징 등의 기능이 설치된다.

## (2) 전송부

[그림 4-13]과 같이 수천에서 수만 개의 파이버 묶음으로 되어 입사단면에 맺은 상은 이 파이버 묶음으로 된 화소로 분해되어 하나하나의 파이버가 각 화소의 밝기와 색의 정보를 출사단면에 전송해 화상을 형성한다.

상을 정확히 전송하기 위해 각 파이버는 양단면에서 동일 위치가 되도록 나열된다. 용도에 따라서는 외경, 가요성, 내열성, 수밀성, 기계적 강도 등 여러 가지 사양의 것이 제조되고 있다.

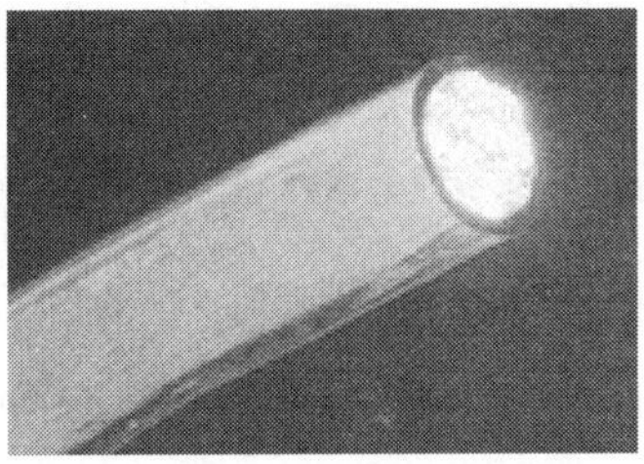

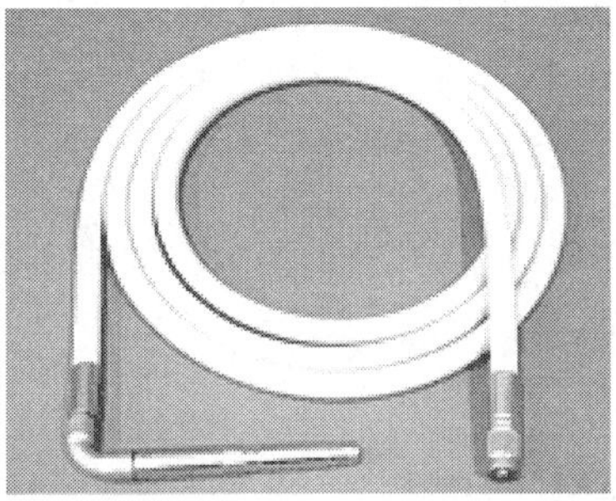

[그림 4-13] 이미지 파이버의 구성

## (3) 접안렌즈계

이미지 파이버로 전송된 상을 다른 광학계에 보내는 역할을 하여 눈으로 직접 관찰하는 외에 카메라나 TV카메라 등에 접속해서 사용한다. 어느 경우에도 이미지 파이버 단면의 작은 상을 확대하여 투영하기 때문에 상이 어두워지므로 대물렌즈계, 접안렌즈계 모두를 광파이버의 수광각(개구수)에 맞춘 광손실이 작은 광학계를 사용해야 한다.

# 2. 이미지 광파이버의 특성

## (1) 밝 기

이미지 파이버 시스템의 밝기는 이미지 파이버 자체의 밝기 및 렌즈계의 밝기,

즉 투과율과 $F$수(렌즈의 구경비의 역수 : $f/D$)로 결정되지만 일반적으로 석영 파이버는 NA(개구수)가 렌즈계의 NA(= $F$/2)보다 작아서 거의 광파이버 자체의 밝기만으로 결정된다.

이미지 파이버에 사용되는 광파이버로는 코어와 클래드부의 굴절률차를 크게 할 수 있는 Ge 도프 실리카 코어가 있고, 수광각 약 30°, 파장 0.6[$\mu$m]로 전송손실이 약 0.05[dB/m]인 것이 있다.

### (2) 화질 분해능

이미지 파이버의 화질 분해능은 원리적으로 화소수, 화소의 크기, 배열의 양부, 화소 결함이나 누광(漏光)에 의한 스며들기 및 렌즈계의 분해능 등에 따라서 결정된다.

그러나 실제는 이미지 파이버 자체의 화소수에 따른 해상도가 전송화상의 화질을 거의 결정한다.

### (3) 기계적 강도

이미지 파이버는 필요한 가요성을 가지면서 동시에 인장 · 굽힘에 대해서도 충분한 기계적 강도를 필요로 한다. 그래서 광파이버의 피복보강으로서 수지와 금속의 편조(編組)를 하거나 하여 허용 최소 굽힘 반지름 75~150[mm], 강도 400~500[kg/mm$^2$]인 것이 있다.

### (4) 내열성

석영 파이버 자체는 600℃ 이상인 고온에서도 충분히 사용할 수 있지만 가요성을 주기 위한 코팅제가 내열성을 결정한다. 일반적으로 피복제에 폴리염화비닐(PVC)을 사용하면 최고 80℃까지, 또 불소 수지를 사용하면 180℃까지 견딘다.

### (5) 내방사선성

Ge 도프 실리카 코어에 의한 고 NA화소 파이버는 감마선 집적선량 104RAD로 약 1.5[dB/m]의 전송손실이 증가한다.

### (6) 기타 특성

용도에 따라서는 수밀성, 내수압성, 기밀성, 내기압성, 전기 절연성, 내전압성, 무유도성, 내약품성 등이 요구될 경우도 있다.

## • 실습순서 •

### 1. 실험회로 구성

이미지 파이버를 이용하여 [그림 4-14]의 회로를 브레드보드에 구성하고 동작시킨다.

① 광커넥터를 사용한 광통신 실험과제에서 커넥터 대신 이미지 파이버를 사용하여 실험한다.

② 이미지 파이버 양 선단에 대물렌즈와 접안렌즈를 부착하여 광파이버 스코프를 제작한다.

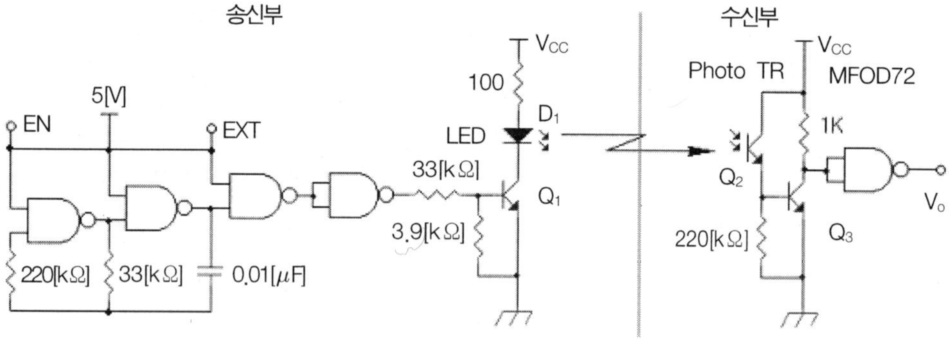


**[그림 4-14] 이미지 파이버 실험회로**

### 2. 광파이버 디스플레이 제작

① 주로 플라스틱 광파이버를 번들(bundle) 상으로 광파이버 소선을 규칙적으로 나열하여 문자나 도형을 디스플레이하거나 불규칙적으로 묶어서 빛의 방사만을 하는 용도로 사용된다.

② 작업순서

- 디스플레이하고자 하는 도형 설계
  - 도형을 구조물의 표시판 패널의 크기를 감안하여 도안한다.
- 구조물을 제작

– 디스플레이하고자 하는 표시판 패널의 규격을 감안하여 구조물의 크기를 정한 후 구조물의 형태 · 크기 등을 고려하여 설계한다.
– 구조물을 제작한다.

• 표시판 패널 제작
– 표시판의 전면에 도형을 그린다.
– 그려진 도형을 색을 입히고 마무리한다.
– 도형의 윤곽선을 따라 사용할 광파이버 외경에 맞도록 2[mm] 간격으로 핸드 드릴을 사용하여 구멍을 뚫는다.

• 광파이버 번들 제작
– 구조물의 각 부품 설치 위치를 감안하여 광파이버를 충분한 길이로 절단한다.
– 광파이버의 한쪽 선단을 함께 묶어 광원 부분의 광파이버 번들을 만든다.
– 광파이버 번들의 다른 한쪽 광섬유를 표시판 뒷면에서 구멍에 삽입하여 빠지지 않도록 본딩하여 고정한다.
– 표시판 부분의 광섬유는 도형의 위치에 따라 몇 개로 구분하여 다발을 따로 묶어준다.

• 부품조립 및 설치
– 구조물의 각 부품위치에 해당 부품을 고정하여 설치한다.
– [그림 4-15]와 같이 각 부품에 전원 및 모터, 광원, 변조판, 광파이버 번들을 고정하여 설치한다.
– 광파이버 번들이 고정된 표시판을 구조물 전면에 부착하여 고정시킨다.

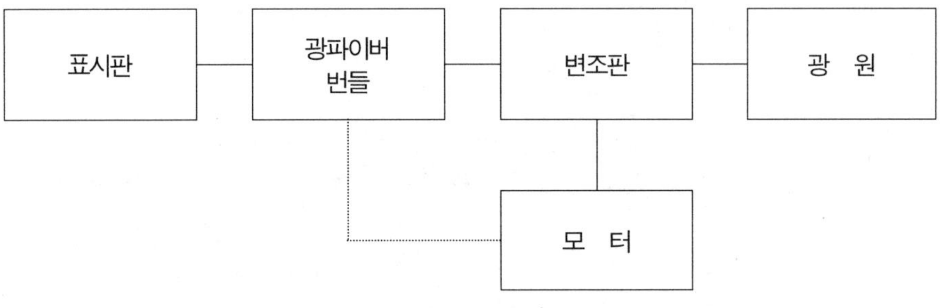


**[그림 4-15] 광파이버 디스플레이 블록도 1**

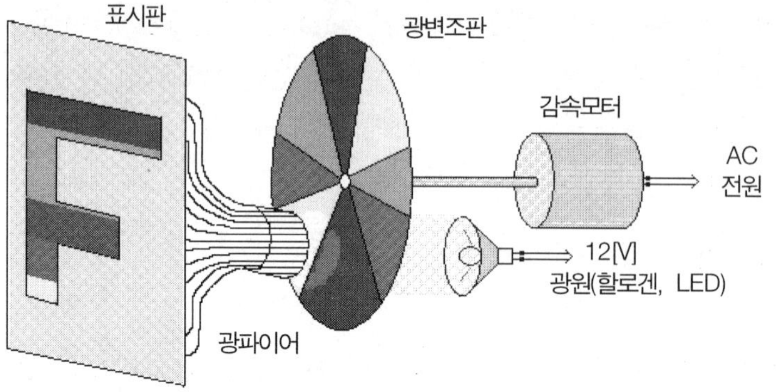


**[그림 4-16] 광섬유 디스플레이의 구조**

• 안전장치의 설치

－전원의 단선 · 단락을 예방하기 위한 자동 전류차단기를 설치한다.

－광원의 과열로 인한 화재를 방지하기 위한 환기장치를 설치한다.

• 동작시험

－각 부품의 조립상태를 확인한 후 전원을 공급하고 동작시험을 한다.

－[그림 4-17]과 같이 고휘도 LED(R, G, B, Y) 구동링 카운터를 제작하여 광원, 변조판, 모터 부분으로 대체하여 동작시킨다.

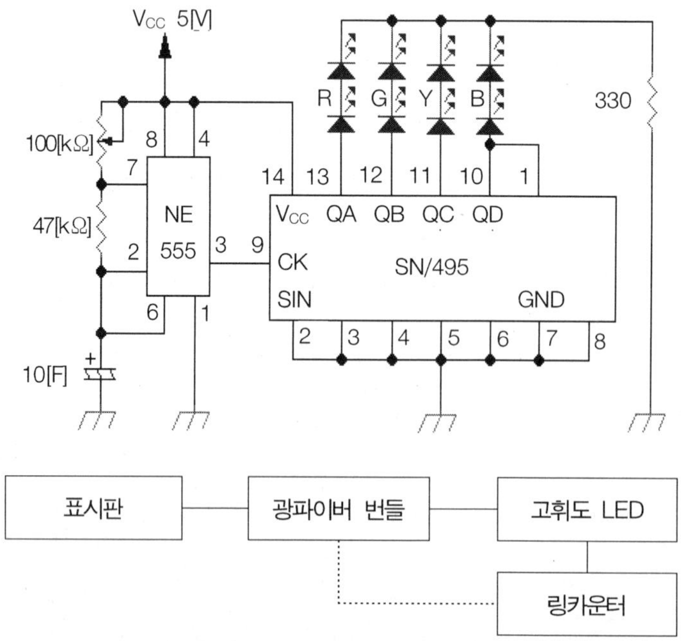


**[그림 4-17] 광파이버 디스플레이 회로도 및 블록도 2**

## 3. 실험결과에 대한 토의

## 4. 실험보고서 작성

## 5. 정리정돈

# • 참고문헌 •

민한식 · 송재진 공저, 《PIC 마이크로 컨트롤러》, 복두출판사

이종락 역, 《광센서와 그 사용법》, 세화

김창민, 《도파 및 집적광학》, Ohm사

편집부역, 《옵토일렉트로닉스 활용》, 기전연구사

김병태, 《레이저 공학》, 상학당

박문수, 《기초광학기기실험》, 상학당

김동식, 《전자회로》, 생능출판사

김상진 · 김제홍 · 차인수 공저, 《전력전자제어회로》, 북스힐

윤현민 · 이형기 공저, 《반도체 공학》, 학문사

변승준 · 강창수 · 이영종 공저, 《물리전자공학》, 복두출판사

박문수 · 정종욱 공저, 《센서회로 실험실습》, 상학당

Tandy Corporation, *Integrated Circuit Applications*

Arturas Zukauskas, Michael S Shur, Remis Gaska, *Introduction To Solid-State Lighting*, John Wiley & SonS

# • 찾아보기 •

## LED 활용실기

2014년 1월 15일 1판 4쇄 발행

저 자 박문수 · 정종욱

발행인 남 승 우

발행처 도서출판 상尙 학學 당堂

서울시 동작구 사당로9가길 6(사당동)

TEL : 02) 595-1692~4

FAX : 02) 595-1394

E-mail : namdoo6@unitel.co.kr

신고 : 2-155호 (1968. 11. 29)

정가 18,000원

ISBN 978-89-93383-07-2 93560



〈디자인〉 편집 엄해숙 / 표지 나아기획